高职高专计算机教学改革 新体系 教材

Web前端开发
——网页设计与制作
(HTML5+CSS+JavaScript+jQuery)

郑阳平 李晓辉 主 编
李广莉 副主编

清华大学出版社
北 京

内 容 简 介

本书根据1+X Web前端开发职业技能等级标准，站在初学者的角度上，采用模块化的编写思路，以任务实例详细介绍了使用HTML、CSS、JavaScript和jQuery进行网页设计与制作的各方面内容和技巧。

本书按照职业岗位的要求，以"一懂三会"为主线，对Web前端开发技能知识进行合理组织和编排。"一懂三会"就是以懂的网页设计与制作基础为中心；会使用Notepad++、HBuilder、Dreamweaver等工具设计和制作网页；会设计和制作规范化的网页；会简单开发中小型网站系统。全书分为八个单元，主要包括网页设计与制作综述、HTML基础、认识HTML5、认识CSS、网页元素综合练习、JavaScript基础、jQuery基础、JavaScript和jQuery应用。

本书结构合理，内容丰富，实用性强，全面覆盖了1+X Web前端开发职业技能等级证书（初级）的知识内容，辐射其职业技能等级证书（中级、高级）的知识内容。本书配有源代码、习题、教学课件等教学资源，可以作为应用型本科、本科层次职业教育、高职高专等院校计算机类专业的教学用书，也可作为各种培训、计算机从业人员和爱好者的参考用书。

本书封面贴有清华大学出版社防伪标签，无标签者不得销售。
版权所有，侵权必究。举报：010-62782989，beiqinquan@tup.tsinghua.edu.cn。

图书在版编目(CIP)数据

Web前端开发：网页设计与制作：HTML5+CSS+JavaScript+jQuery/郑阳平，李晓辉主编. —北京：清华大学出版社，2022.2
高职高专计算机教学改革新体系教材
ISBN 978-7-302-59698-1

Ⅰ.①W… Ⅱ.①郑… ②李… Ⅲ.①网页制作工具－高等职业教育－教材②超文本标记语言－程序设计－高等职业教育－教材③JAVA语言－程序设计－高等职业教育－教材 Ⅳ.①TP393.092.2 ②TP312.8

中国版本图书馆CIP数据核字(2021)第263024号

责任编辑：吴梦佳
封面设计：常雪影
责任校对：刘　静
责任印制：刘海龙

出版发行：清华大学出版社
    网　　址：http://www.tup.com.cn, http://www.wqbook.com
    地　　址：北京清华大学学研大厦A座　　　邮　编：100084
    社 总 机：010-62770175　　　　　　　　邮　购：010-62786544
    投稿与读者服务：010-62776969, c-service@tup.tsinghua.edu.cn
    质量反馈：010-62772015, zhiliang@tup.tsinghua.edu.cn
    课件下载：http://www.tup.com.cn, 010-83470410

印 装 者：三河市铭诚印务有限公司
经　　销：全国新华书店
开　　本：185mm×260mm　　印　张：17.75　　字　数：408千字
版　　次：2022年2月第1版　　　　　　　　　印　次：2022年2月第1次印刷
定　　价：49.90元

产品编号：089678-01

前言

网页设计与制作课程是计算机类及相关专业的重要专业基础课程,不论是计算机相关专业的学生,还是网站爱好者,都应该掌握一定的网页设计与制作技术和网站建设技术。本书遵循 Web 标准,采用 HTML+CSS+JavaScript 将网页内容与外观样式彻底分离并增加网页交互功能,从而减少页面代码行数,提高运行速度,便于分工设计与代码重用,让网页更加炫酷,这也是 Web 标准的最大特点。

为有效落实《国家职业教育改革实施方案》中的 1+X 证书制度试点,根据 Web 前端开发职业技能等级标准,针对"三教"改革的需要,以"一懂三会"为主线,对 Web 前端开发技能知识进行合理组织和编排,突出网页设计与制作的实用性,充分体现职业教育的理念,提高学生实践动手能力。"一懂三会"就是以懂的网页设计与制作基础为中心;会使用 Notepad++、HBuilder、Dreamweaver 等工具设计和制作网页;会设计和制作规范化的网页;会简单开发中小型网站系统。HTML+HTML5 部分以网页设计与制作必需的技术基础为重点,理论知识按照"必须、适度、够用"的原则进行系统性介绍,技能操作以任务案例的形式进行细化分解,逐步分析解决,突出实践技能操作;CSS 是网页格式化的基石,注重网页设计与制作的高端和美化,强调实践操作和网页效果的和谐统一,通过案例任务积累网页制作经验。JavaScript+jQuery 部分以 JavaScript 基本语法、jQuery 基础和 DOM 对象为重点,实现页面交互,通过轮播图、标签操作等加强页面交互效果。本书编者站在初学者的角度,以任务实例和通俗易懂的语言详细介绍了网页制作的基础知识、HTML 基础、HTML5 新特性、CSS、JavaScript 基础和 jQuery 基础,使用 HBuilderX、Notepad++、Dreamweaver 等工具设计和制作炫酷、交互式网页及综合案例。

本书重点突出网页设计与制作操作技能实用性,以任务实例为驱动,理论结合实际,使读者逐步提高设计与制作网页的职业能力,逐步获得设计与制作网页的方法与技巧。本书各单元内容以完成网页设计与制作任务为主线,以"项目导向、任务驱动、理论实践一体化"为主要教学方法与手段,融"教、学、练"于一体,在"学中做、做中学"中学习网页设计与制作的技能知识,体现职业教育理念及特色。本书的编写具有以下 4 个特点。

(1)实用至上,体现工学结合的人才培养目标。理论知识以"必须、适度、够用"的职业教育理念为主导,以"典型任务案例巩固理论知识,淡化技术原理,强调实际应用"为原则,合理地编排教材内容结构,教材内容突出理论与实践的紧密结合,避免生硬的技术理论,突出实践技能操作。

(2) 以职业活动为导向,以解决实际工作中的问题为目标,以典型项目和真实任务为载体,设计教学单元与重构教学内容,强调学习任务与实际工作任务的一致性。

(3) 按照"案例宏观展示引入→学习任务→任务描述→同步练习→单元实践操作"进行单元知识体系设计,将知识内容以案例导入形式宏观展现在初学者的面前,以案例实现为单元主线,通过单元的学习,将案例分解细化,逐步解决;最后通过"同步练习"和"单元实践操作"进行知识及操作的巩固与提高。

(4) 本书是开拓基础理论教学、应用案例教学和实践教学"三合一"模式的新教材,是一本集网页设计与制作的基础知识、应用案例和实践技能操作于一体的网页设计与制作实用教材,将"学中做"与"做中学"的思想贯穿于本书整个过程中,实现知识讲解和技能训练的有机结合。

本书由郑阳平、李晓辉担任主编,李广莉担任副主编,景妮担任主审,全书由郑阳平和李晓辉统稿。本书单元 1 由苏建华编写,单元 2 由郑阳平编写,单元 3 和单元 4 由李广莉编写,单元 5 和单元 8 由李晓辉编写,单元 6 和单元 7 由许莫编写。本书因篇幅所限,未列示"综合案例"的内容,读者可扫描本页二维码获取相关资料。资料中详细讲述了某学校门户网站首页设计与制作的过程,给出了相关参考代码,并介绍了课程设计的相关内容。本书在编写过程中得到了学校领导和同事们的大力支持与帮助,并提出了许多宝贵的建议和意见,也借鉴了大批优秀教材和有关资料,吸取了许多专家和同仁的宝贵经验,在此向他们深表谢意。

由于编者水平有限,书中难免会存在一些不足与缺陷,敬请广大读者、同行专家和教师提出宝贵意见,以便再版时加以改进。

编　者

2021 年 7 月

综合案例

目录

单元 1 网页设计与制作综述 …………………………………………… 1

- 任务 1.1 认识 Internet …………………………………………… 2
  - 任务 1.1.1 认识万维网和浏览器 …………………………… 3
  - 任务 1.1.2 认识 IP 地址和 Internet 域名 ………………… 3
  - 任务 1.1.3 认识统一资源定位器 …………………………… 5
- 任务 1.2 认识网页和网站 ………………………………………… 5
  - 任务 1.2.1 网页的定义和分类的认识 ……………………… 6
  - 任务 1.2.2 认识网页的基本组成元素 ……………………… 7
  - 任务 1.2.3 认识网站 ………………………………………… 9
  - 任务 1.2.4 Web 服务器和 Web 浏览器 …………………… 10
- 任务 1.3 认识网页制作常用工具 ………………………………… 10
- 任务 1.4 网站建设基本流程 ……………………………………… 12
  - 任务 1.4.1 网站前期调研与规划 …………………………… 12
  - 任务 1.4.2 网站中期建设与细化 …………………………… 13
  - 任务 1.4.3 网站后期维护与更新 …………………………… 14
- 任务 1.5 认识 W3C 联盟与 Web 标准 …………………………… 14
  - 任务 1.5.1 W3C 联盟 ………………………………………… 15
  - 任务 1.5.2 认识 Web 标准 …………………………………… 15
- 任务 1.6 HBuilder(X)的安装与使用 …………………………… 17
- 单元小结 ……………………………………………………………… 23
- 单元实践操作 ………………………………………………………… 23
  - 实践任务 1.1:优秀网站赏析 ………………………………… 23
  - 实践任务 1.2:设计制作我的网页 …………………………… 24
- 单元习题 ……………………………………………………………… 25

单元 2 HTML 基础 ……………………………………………………… 27

- 任务 2.1 认识 HTML ……………………………………………… 28
- 任务 2.2 编写简单的 HTML 网页文档 …………………………… 29
- 任务 2.3 认识常见的 HTML 元素 ………………………………… 31

　　　　任务 2.3.1　HTML 的基本元素 ……………………………………………… 31
　　　　任务 2.3.2　格式元素 …………………………………………………………… 34
　　　　任务 2.3.3　字体元素 …………………………………………………………… 36
　　　　任务 2.3.4　超级链接元素 ……………………………………………………… 38
　　　　任务 2.3.5　列表元素 …………………………………………………………… 39
　　　　任务 2.3.6　表格元素 …………………………………………………………… 42
　　　　任务 2.3.7　图像元素 …………………………………………………………… 43
　　　　任务 2.3.8　DIV 元素 …………………………………………………………… 45
　　　　任务 2.3.9　常见的表单元素 …………………………………………………… 45
　　任务 2.4　认识 XHTML …………………………………………………………………… 48
　　任务 2.5　HTML 综合运用 ………………………………………………………………… 49
　　单元实践操作：使用 Notepad++ 制作网页 ……………………………………………… 51
　　单元小结 ……………………………………………………………………………………… 51
　　单元习题 ……………………………………………………………………………………… 52

单元 3　认识 HTML5 …………………………………………………………………… 54

　　任务 3.1　认识 HTML5 …………………………………………………………………… 55
　　任务 3.2　HTML5 与 HTML4 的区别 …………………………………………………… 56
　　任务 3.3　认识 HTML5 新增的元素 ……………………………………………………… 57
　　　　任务 3.3.1　文档结构元素 ……………………………………………………… 57
　　　　任务 3.3.2　文本格式化元素 …………………………………………………… 65
　　　　任务 3.3.3　新增表单元素 ……………………………………………………… 69
　　　　任务 3.3.4　多媒体元素 ………………………………………………………… 72
　　　　任务 3.3.5　HTML5 保留的全局属性 ………………………………………… 75
　　　　任务 3.3.6　HTML5 废弃的元素和属性 ……………………………………… 78
　　任务 3.4　HTML5 综合应用 ……………………………………………………………… 80
　　单元实践操作：使用 HBuilder(X) 制作网页 …………………………………………… 82
　　单元小结 ……………………………………………………………………………………… 82
　　单元习题 ……………………………………………………………………………………… 83

单元 4　认识 CSS ………………………………………………………………………… 84

　　任务 4.1　CSS 概述 ………………………………………………………………………… 85
　　任务 4.2　CSS 的作用和使用 ……………………………………………………………… 86
　　任务 4.3　CSS 的基本语法 ………………………………………………………………… 90
　　任务 4.4　CSS 选择器 ……………………………………………………………………… 91
　　　　任务 4.4.1　元素选择器 ………………………………………………………… 91
　　　　任务 4.4.2　通配符选择器 ……………………………………………………… 92
　　　　任务 4.4.3　属性选择器 ………………………………………………………… 92

　　　　任务 4.4.4　ID 选择器 ··· 94
　　　　任务 4.4.5　类选择器 ··· 95
　　　　任务 4.4.6　包含选择器和群选择器 ··· 95
　　　　任务 4.4.7　伪类选择器 ·· 96
　　　　任务 4.4.8　伪元素选择器 ··· 97
　　任务 4.5　CSS 背景属性 ·· 99
　　任务 4.6　CSS 格式属性 ··· 103
　　任务 4.7　CSS 列表属性 ··· 108
　　任务 4.8　CSS 表格属性 ··· 111
　　任务 4.9　CSS 盒模型 ··· 113
　　任务 4.10　CSS 布局 ··· 119
　　　　任务 4.10.1　CSS 浮动属性 ··· 120
　　　　任务 4.10.2　CSS 定位属性 ··· 127
　　任务 4.11　CSS 综合运用 ··· 132
　　单元实践操作：制作环保公司网页 ··· 139
　　单元小结 ·· 140
　　单元习题 ·· 140

单元 5　网页元素综合练习 ·· 142

　　任务 5.1　无序列表的应用 ··· 143
　　　　任务 5.1.1　水平导航栏的制作 ·· 143
　　　　任务 5.1.2　商品列表制作 ··· 145
　　任务 5.2　平面六面体的制作 ··· 148
　　　　任务 5.2.1　2D 六面体的制作 ·· 149
　　　　任务 5.2.2　3D 六面体的制作 ·· 151
　　任务 5.3　旋转六面体的制作 ··· 154
　　单元实践操作：使用 HBuilder(X) 制作网页 ··· 158
　　单元小结 ·· 159
　　单元习题 ·· 159

单元 6　JavaScript 基础 ··· 162

　　任务 6.1　认识 JavaScript ··· 163
　　　　任务 6.1.1　JavaScript 的特点 ··· 163
　　　　任务 6.1.2　JavaScript 的语法 ··· 163
　　　　任务 6.1.3　JavaScript 的关键字 ·· 164
　　　　任务 6.1.4　JavaScript 的变量 ··· 165
　　　　任务 6.1.5　JavaScript 的数据类型 ··· 165
　　　　任务 6.1.6　JavaScript 运算符 ··· 167

任务 6.2　JavaScript 的结构 ………………………………………………… 169
　　　　任务 6.2.1　分支结构 …………………………………………………… 169
　　　　任务 6.2.2　循环结构 …………………………………………………… 175
　　任务 6.3　JavaScript 数组 …………………………………………………… 179
　　　　任务 6.3.1　数组的定义 ………………………………………………… 180
　　　　任务 6.3.2　数组的操作 ………………………………………………… 180
　　　　任务 6.3.3　二维数组 …………………………………………………… 182
　　　　任务 6.3.4　数组其他常用方法 ………………………………………… 183
　　任务 6.4　JavaScript 字符串 ………………………………………………… 184
　　　　任务 6.4.1　字符串 ……………………………………………………… 184
　　　　任务 6.4.2　字符串的长度属性与检索方法 …………………………… 184
　　　　任务 6.4.3　字符串的操作方法 ………………………………………… 185
　　任务 6.5　JavaScript 对象 …………………………………………………… 188
　　任务 6.6　JavaScript 函数 …………………………………………………… 189
　　　　任务 6.6.1　创建函数 …………………………………………………… 189
　　　　任务 6.6.2　函数的参数 ………………………………………………… 190
　　　　任务 6.6.3　函数的返回值与作用域 …………………………………… 193
　　　　任务 6.6.4　函数的调用 ………………………………………………… 194
　　　　任务 6.6.5　函数的闭包 ………………………………………………… 197
　　　　任务 6.6.6　函数的综合应用 …………………………………………… 198
　　任务 6.7　JavaScript HTML DOM ………………………………………… 199
　　　　任务 6.7.1　HTML DOM ……………………………………………… 199
　　　　任务 6.7.2　DOM 对象方法 …………………………………………… 199
　　任务 6.8　JavaScript 事件 …………………………………………………… 201
　　　　任务 6.8.1　JavaScript 鼠标事件 ……………………………………… 201
　　　　任务 6.8.2　JavaScript 键盘事件 ……………………………………… 203
　　　　任务 6.8.3　JavaScript 窗口事件 ……………………………………… 203
　　任务 6.9　JavaScript 综合应用 ……………………………………………… 204
　　单元实践操作：使用 JavaScript 制作动态网页 ……………………………… 204
　　单元小结 ………………………………………………………………………… 207
　　单元习题 ………………………………………………………………………… 207

单元 7　jQuery 基础 …………………………………………………………… 210

　　任务 7.1　认识 jQuery ………………………………………………………… 210
　　任务 7.2　认识 jQuery 选择器 ……………………………………………… 213
　　　　任务 7.2.1　id 选择器 …………………………………………………… 214
　　　　任务 7.2.2　类选择器 …………………………………………………… 216
　　　　任务 7.2.3　元素选择器 ………………………………………………… 217

          任务 7.2.4　属性选择器 …………………………………………… 218
          任务 7.2.5　位置选择器 …………………………………………… 220
          任务 7.2.6　利用 jQuery 遍历 HTML 单个元素及元素组 ……… 222
    任务 7.3　jQuery 与 HTML ……………………………………………………… 223
          任务 7.3.1　添加 HTML 元素 …………………………………… 223
          任务 7.3.2　删除元素 ……………………………………………… 225
          任务 7.3.3　jQuery 设置元素 ……………………………………… 226
          任务 7.3.4　jQuery 设置 CSS …………………………………… 229
    任务 7.4　jQuery 事件 …………………………………………………………… 231
          任务 7.4.1　jQuery 事件绑定 …………………………………… 231
          任务 7.4.2　jQuery 鼠标事件 …………………………………… 233
          任务 7.4.3　jQuery 键盘事件 …………………………………… 236
          任务 7.4.4　表单事件 ……………………………………………… 237
          任务 7.4.5　事件冒泡 ……………………………………………… 240
          任务 7.4.6　事件解除 ……………………………………………… 242
    任务 7.5　jQuery 效果 …………………………………………………………… 243
          任务 7.5.1　jQuery 容器适应 …………………………………… 243
          任务 7.5.2　元素的隐藏和显示 ………………………………… 245
          任务 7.5.3　jQuery 滑动效果的隐藏和显示 …………………… 246
          任务 7.5.4　jQuery 淡入与淡出效果的隐藏和显示 …………… 247
          任务 7.5.5　jQuery 动画 ………………………………………… 247
    任务 7.6　Ajax 实现异步请求操作 ……………………………………………… 248
          任务 7.6.1　jQuery 中 Ajax 语法 ………………………………… 249
          任务 7.6.2　load()方法 …………………………………………… 250
          任务 7.6.3　get()方法和 post()方法 …………………………… 251
    任务 7.7　jQuery 综合练习 ……………………………………………………… 252
    单元实践操作：使用 jQuery 制作动态网页 …………………………………… 253
    单元小结 ………………………………………………………………………… 255
    单元习题 ………………………………………………………………………… 256

单元 8　JavaScript 和 jQuery 应用 ……………………………………………… 258

    任务 8.1　轮播图实现 …………………………………………………………… 259
    任务 8.2　鼠标跟随效果实现 …………………………………………………… 265
    任务 8.3　手风琴的实现 ………………………………………………………… 266
    单元实践操作：使用 jQuery 制作动态网页 …………………………………… 270
    单元小结 ………………………………………………………………………… 271
    单元习题 ………………………………………………………………………… 271

参考文献 …………………………………………………………………………… 274

单元 1

网页设计与制作综述

案例宏观展示引入

随着互联网的发展和普及,越来越多的企业与个人建立了网站,将互联网技术应用到生产、经营和娱乐等活动中。互联网已经深入千家万户,影响着各个领域,不断地改变着人们的生活方式。

互联网的各种应用都基于网站,网站是由各种网页组成的,网页可用于传递信息。网页是浏览器与网站开发人员沟通交流的窗口。淘宝网站和电子科技大学网站的主页,也是网站的首页,是网站中一个主要的网页,如图 1-1 所示。科学合理的网页设计可以使浏览者耳目一新,印象深刻。

(a) 淘宝网站首页

图 1-1 网站主页

(b) 电子科技大学网站首页

图 1-1（续）

本单元主要介绍网页制作基础知识，让大家对网站和网页有整体的认识，为以后学习网页制作奠定基础。

学习任务

- ☑ 了解 Internet 基础知识。
- ☑ 掌握网页和网站的基本概念。
- ☑ 熟悉网页的基本组成元素。
- ☑ 理解网页设计的概念。
- ☑ 了解网站建设的基本流程。
- ☑ 初步认识 Adobe Dreamweaver CS6 网页制作工具。
- ☑ 学会创建、打开、编辑和关闭一个网页文档。
- ☑ 对网页设计与制作有整体的认识。

任务 1.1 认识 Internet

➡ 任务描述

（1）掌握万维网的概念。

（2）认识浏览器。

（3）理解 IP 地址及其配置。

（4）了解域名系统和 URL。

Internet 译为因特网，也称为互联网，是指通过 TCP/IP 协议将世界各地的网络连接起来实现资源共享，并提供各种应用服务的全球性计算机网络。它是当今世界上最大、最流行的计算机网络，是信息社会的基础，是全球最大、最有影响的计算机信息资源网，在人类社会的各个领域中发挥重大的作用。

任务 1.1.1　认识万维网和浏览器

万维网（world wide Web，WWW）是 Internet 的主要部分，也可以简称为 Web、3W 等，它是基于"超文本"的信息查询和信息发布的系统。Web 就是以 Internet 上众多的 Web 服务器所发布的相互链接的文档为基础组成的一个庞大的信息网，它不仅可以提供文本信息，还可以提供声音、图形、图像以及动画等多媒体信息，为用户提供了图形化的信息传播界面——网页。

超文本传输协议（hypertext transfer protocol，HTTP）是一种网络上传输数据的协议，专门用于传输万维网中的信息资源。

浏览器是指可以显示网页服务器或者文件系统的超文本标记语言（hyper text markup language，HTML）文件内容，并让用户与这些文件交互的一种软件。通过浏览器，可以快捷地浏览 Internet 上的信息资源。目前，使用人数较多的浏览器是 Microsoft 公司的 IE（Internet Explorer）浏览器，计算机中安装了 Windows 操作系统都会捆绑安装 IE 浏览器。IE 浏览器可以搜索、查看和下载 Internet 上的各种信息资源。另外，还有很多浏览器也非常优秀，可供用户安装使用，如谷歌浏览器（Google Chrome）、火狐（Firefox）浏览器、腾讯浏览器、Opera 浏览器、360 安全浏览器以及搜狗浏览器等。本书使用的是谷歌浏览器。

同步练习

请谈谈你对万维网的认识，它有哪些特点？

任务 1.1.2　认识 IP 地址和 Internet 域名

与 Internet 相连的任何一台计算机（称为主机）都有唯一的一个网络地址，简称为 IP（Internet protocol）地址。在 Internet 中，域名通过域名系统（domain name system，DNS）解析为 IP 地址，为站点访问浏览提供方便，也便于用户记忆站点。

1. IP 地址

IP 地址由 32 位二进制数组成。IP 地址是在 Internet 网络中为每一台主机分配的唯一标识。例如，某台主机的 IP 地址是 00001010 01000001 01010111 11011100，但是这样的 IP 地址很难记忆，为了便于阅读理解，通常把 32 位二进制数分成 4 个字节段，每个字节段 8 位，用小数点将它们隔开，把每一个字节段数都转换成相应的十进制数，称为点分十进制数。例如,上述主机的 IP 地址用点分十进制数表示为 10.65.87.220。

IP 地址通常分为 A 类、B 类、C 类、D 类和 E 类。常用的 IP 地址有 A 类 IP 地址、B 类 IP 地址和 C 类 IP 地址。D 类和 E 类分别用于组播通信的地址和科学研究。IP 地址是两级层次结构,包括网络地址和主机地址,如图 1-2 所示。

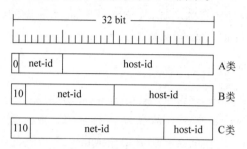

图 1-2　常用 IP 地址

其中,A 类 IP 地址范围为 1.0.0.0～126.255.255.255;B 类 IP 地址范围为 128.255.255.255～191.255.255.255;C 类 IP 地址范围为 192.255.255.255～223.255.255.255。

提示:

(1) IP 地址由 32 位二进制数组成,在 Internet 范围内必须合法而且是唯一的。

(2) IP 地址的理论范围:0.0.0.0～255.255.255.255。

同步练习

请正确配置计算机 IP 地址。

2. 域名系统

由于 IP 地址是数字标识,使用时难以记忆,因此在 IP 地址的基础上又发展出一种符号化的地址方案,来代替数字型的 IP 地址。每一个符号化的地址都与特定的 IP 地址对应,这样网络上的资源访问起来就容易得多了。这个与网络上的数字型 IP 地址相对应的字符型地址,就称为域名。例如,承德石油高等专科学校域名为 cdpc.edu.cn,Web 服务器的 IP 地址 210.31.208.1 对应的域名为 www.cdpc.edu.cn。

因特网采用了层次树状结构的命名方法。任何一个连接到因特网上的主机或路由器,都有一个唯一的层次结构的名字,即域名。域名的结构由标号序列组成,各标号分别代表不同级别的域名,各标号之间用点隔开。

图 1-3　中国建设银行域名

主机名.....四级域名.三级域名.二级域名.顶级域名

例如,中国建设银行的域名组成如图 1-3 所示。

对于用户来说,使用域名比直接使用 IP 地址方便多了,但对于 Internet 内部数据传输来说,使用的还是 IP 地址,而不是域名。要想把域名转换为 IP 地址,就需要通过域名系统来解析。域名服务器实际上就是装有域名系统的主机,在其上面存有该组织所有上网计算机的域名及其对应的 IP 地址。当某个应用程序需要将域名翻译成 IP 地址时,这个应用程序就与域名服务器建立连接,将域名发送给域名服务器,域名服务器把解析的 IP 地址反馈给应用程序,应用程序就可以访问网络信息资源。

◆)提示:

申请到的域名在 Internet 范围内必须是唯一的,通过域名服务器把域名解析为 IP 地址的过程,称为域名解析。

任务 1.1.3　认识统一资源定位器

客户机与 Web 服务器的交互是通过 HTTP 来完成的,用户想要浏览服务器上的某一信息资源时,就是通过统一资源定位器(uniform resource locator,URL)来唯一指定的。URL 是一个指定因特网或内联网服务器中目标位置的格式化字符串,与在计算机中根据指明的路径查找文件类似。它既可指向本地计算机硬盘上的某个文件,也可指向 Internet 上的某一个网页。也就是说,通过 URL 可访问 Internet 上任何一台主机或者主机上的文件和文件夹。

URL 一般格式如下:

<URL 的访问方法>://<主机域名或 IP 地址>[:<端口号>][/<路径>][/<文档>]

其中,URL 的访问方法指的是访问使用的协议,可以是 HTTP、FTP 等;端口号,每种访问协议都有默认的端口号,通常省略。例如,通常访问网页文件采用的 HTTP,默认端口号是 80;路径是文档在主机上的相对存储位置,一般用来表示主机上的一个目录或文件地址,是由零或多个"/"符号隔开的字符串,文档是具体的网页文件,主机默认文档可以省略,否则,不可省略。例如:http://www.cdpc.edu.cn/index.html,其中 index.html 为默认文档,也称为主页(home page)。

同步练习

请举例说明 URL。

任务 1.2　认识网页和网站

任务描述

（1）认识和赏析网页布局。
（2）理解网页的基本组成元素。
（3）认识和赏析网站。

随着网络的快速发展,互联网上的网站越来越多。学习网页制作应先了解网页的基本概念,学好这些知识是制作出漂亮、美观的网页的前提,为以后的学习打好基础。

任务 1.2.1 网页的定义和分类的认识

上网时浏览的一个个页面就是网页（web page），网页又称为 Web 页。图像、文字、超链接等是构成网页的基本元素，是 Internet 展示信息的一种形式。如图 1-4 所示为中关村在线网站的首页，承载着丰富的信息资源，通过浏览器的解析，内容才能被漂亮地展示出来。对于网站设计、制作者来说，Web 网页是一系列技术的复合总称，包括网站的前台布局、后台程序、美工和数据开发等。

图 1-4 中关村在线网站的首页

1. 网页按位置分类

按网页在网站中的位置可将其分为主页和内页。

主页是指网站的主要导航页面，一般是进入网站时打开的第一个页面，也称为首页，通常首页的文件名为 index.html 或者 default.html。

内页是指与主页相链接的页面，也就是网站的内部页面。

🔊 提示：

一些网站的首页并非主页，其作用只是欢迎访问者或者引导访问者进入主页，所以首页并不一定就是主页。

2．网页按表现形式分类

按网页的表现形式可将其分为静态网页和动态网页。

静态网页是指用 HTML 语言编写的网页，其制作方法简单易学，但缺乏灵活性，网页文件后缀名一般为.htm 或 html。

动态网页使用 ASP（active server page，动态服务器页面）、PHP（Hypertext preprocessor，超文本预处理器）、JSP（Java server pages，Java 服务器页面）和 ASP.NET 等程序生成，可以与浏览者进行交互，也称交互式网页，如收集浏览者填写的表单信息（用户名和密码等），其制作较静态网页复杂。

⚠️ 注意：

静态网页和动态网页不是以网页中是否包含动态元素来区分的，而是针对客户端与服务器端是否发生交互行为而言的。不发生交互的是静态网页，发生交互的是动态网页。

📖 同步练习

请打开你喜欢的网页，赏析网页的同时，分析网页是否为主页，它属于静态网页还是动态网页。

任务 1.2.2　认识网页的基本组成元素

虽然网页的外在表现形式多种多样，但组成网页的基本元素大体是相同的，一般包括文本、图像、超链接、动画、表单、多媒体等元素，如图 1-5 所示。

1．文本

文本和图像是网页中最基本的元素，是网页信息的主要载体，它们在网页中起着非常重要的作用。其他元素如超级链接等都是基于这两种基本元素而创建的。

文本在网络上的传输速度较快，用户可以很方便地浏览和下载文本信息，故其成为网页主要的信息载体。网页中文本的样式多变，风格不一，吸引浏览者的网页通常都具有美观的文本样式。文本的样式可通过设置网页文本的属性而改变，在后面的章节将详细介绍这方面的知识。

2．图像

图像比文本更具有生动性和直观性，它可以传递文本不能传载的一些信息。网站标识 Logo、背景等都是图像。

图 1-5　网页的基本组成元素

3. 超链接

超链接（hyperlink）是指超文本内由一个文件至另一个文件的链接，能起到将不同页面链接起来的功能，可以是同一站点页面之间的链接，也可以是与其他网站页面之间的链接。超链接有文本链接和图像链接等。在浏览网页时单击超链接就能跳转到与之相关的页面。

超文本（hypertext）是用超链接的方法，将各种不同空间的文字信息组织在一起的网状文本。超文本的基本特征就是可以超链接文档。

提示：

将光标移至超级链接处时会变成🖑。

4. 动画

为吸引浏览者的眼球，网页中通常会设计一些动画效果，常见的有 GIF 图像动画和 Flash 动画。对于某些技术含量较高的页面，可以使用 CSS、JavaScript 和 HTML 实现动画效果。

5. 表单

表单通常用来收集浏览器中输入的信息，然后将这些信息发送到服务器端，实现网页交互功能。

6. 音频和视频

根据实际需要，网页中还会添加一些音频和视频来丰富页面效果，常见的音频格式有MP3，视频格式有MP4、FLV等。

同步练习

请打开你喜欢的网页，赏析网页的同时，分析网页中的基本组成元素。

任务1.2.3　认识网站

网站是指在Internet上根据一定的规则，使用HTML等工具制作的用于展示特定内容的相关网页的集合，网站中的各个网页通常由超级链接关联起来，形成一个主题鲜明、风格一致的Web站点。网站中的网页结构性较强，组织比较严密，通常都有一个主页，包括网站Logo、Banner（横幅广告）和导航栏等内容。目前，各级政府、公司和单位基本上都拥有自己的网站，利用网站进行信息发布和宣传等。

按网站内容可将网站分为四种类型：门户网站、个人网站、专业网站和职能网站。

1. 门户网站

这类网站是一种综合性网站，涉及文学、音乐、影视、体育、新闻和娱乐等领域，具有论坛、搜索等功能。国内较著名的门户网站有搜狐（http://www.sohu.com）、网易（http://www.163.com）等。

2. 个人网站

个人网站的个性化较强，是以个人名义开发创建的网站，其内容、样式、风格等都是非常有个性的。

3. 专业网站

专业网站具有很强的专业性，通常只涉及某一个领域。如榕树下网站（http://www.rongshuxia.com）是一个专业文学网站。

4. 职能网站

职能网站具有专门的功能，如政府职能网站等。目前逐渐兴起的电子商务网站也属于这类网站，较有名的电子商务网站有阿里巴巴（http://china.alibaba.com）和当当网（http://www.dangdang.com）等。

同步练习

请打开你喜欢的网站，赏析网页的同时，查看网站风格和网站标志（Logo），体会网站和网页之间的关系。

任务 1.2.4　Web 服务器和 Web 浏览器

Web 服务器的主要功能是提供网上信息浏览服务。Web 服务器可以解析 HTTP 协议，当 Web 服务器接收到一个 HTTP 请求时，会返回一个 HTTP 响应，这样客户端就可以从服务器上获取网页（HTML），包括 CSS、JS、音频、视频等资源。

Web 浏览器简称浏览器，是网页运行的平台。一个制作好的网页文件必须使用浏览器打开，才能看到网页所呈现的效果。基于某些因素，不同的浏览器对同一个 CSS 样式的解析有所不同。这就导致同样的网页在不同的浏览器下的显示效果可能不同。因此制作网页时，需要保证该网页兼容主流浏览器。对于一般的网站，只需兼容 IE 浏览器、火狐浏览器和谷歌浏览器就可以满足绝大多数用户的需求。

同步练习

下载常见的浏览器，浏览网页效果，并体会浏览器的兼容性。

任务 1.3　认识网页制作常用工具

任务描述

本书采用 Notepad++ 作为网页制作工具，在熟悉 Notepad++ 和 HBuilder(X) 特点的基础上，了解其他常用的网页制作工具。

1. 初识 Dreamweaver

Adobe Dreamweaver 简称 DW，中文名称"梦想编织者"，是美国 MACROMEDIA 公司开发的集网页制作和网站管理于一身的所见即所得网页编辑器。DW 是第一套针对专业网页设计师特别开发的视觉化网页开发工具，利用它可以轻而易举地制作出跨越平台限制和浏览器限制的动感网页。目前，推出的最新版本为 Dreamweaver CS6。它支持代码、拆分、设计、实时视图等多种方式创作、编写和修改网页，无须编写任何代码就能快捷创建 Web 页面。实时视图和多屏幕预览面板可呈现出 HTML5 代码。其成熟的代码编辑工具更适合 Web 开发高级人员创作。Dreamweaver CS6 版本使用了自适应网格版面创建网页，在发布前使用多屏幕预览审阅设计，可以大大提高工作效率。

2. 初识 Notepad++

Notepad++ 是 Windows 操作系统下的一套文本编辑器，有完整的中文化接口及支持多国语言编写的功能。Notepad++ 的功能比 Windows 中的 Notepad（记事本）强大，除了可以用来制作一般的纯文字说明文件外,也十分适合编写计算机程序代码。Notepad++不仅有语法高亮度显示,也有语法折叠功能,并且支持宏以及扩充基本功能的外挂模组。

Notepad++是免费软件,自带中文,支持众多计算机程序语言:C、C++、Java、C♯、XML、SQL、HTML、PHP、ASP、Python、Javascript、JSP、汇编、DOS 批处理等。Notepad++ 内置支持多达 27 种语法高亮度显示(包括各种常见的源代码、脚本,能够很好地支持 .info 文件查看),还支持自定义语言。

3. 初识 HBuilder(X)

HBuilder 是 DCloud(数字天堂)推出的一款支持 HTML5 的 Web 开发 IDE。快是 HBuilder 的最大优势,通过完整的语法提示和代码输入法、代码块及很多配套,HBuilder 能大幅提升 HTML、CSS 的开发效率。HBuilder 的生态系统可能是最丰富的 Web IDE 生态系统,因为它同时兼容 Eclipse 插件和 Ruby Bundle。SVN、git、ftp、PHP、less 等各种技术都有 Eclipse 插件。HBuilder 的界面很多,比如用户信息界面都是使用 Web 技术来做的,既漂亮,开发起来又快;代码块、快捷配置命令脚本都是用 Ruby 开发的。

HBuilder(X)是编辑器和 IDE 的完美结合,是 HBuilder 的升级版产品,简称 HX。HX 是轻如编辑器、强如 IDE 的合体版本,其体积小巧,启动秒开,默认包包含优秀的字处理能力,创新众多其他编辑器不具备的高效字处理模型。

4. 初识 VSCode

VSCode 全称 Visual Studio Code,是微软出的一款轻量级代码编辑器,免费、开源而且功能强大。它是一个运行于 Mac OS X、Windows 和 Linux 上的,针对编写现代 Web 和云应用的跨平台源代码编辑器。它支持几乎所有主流的程序语言的语法高亮、智能代码补全、自定义热键、括号匹配、代码片段、代码对比 Diff、GIT 等特性,支持插件扩展,并针对网页开发和云端应用开发做了优化。某些代码编辑器在打开特别大的文件时可能会有明显的卡顿,但 VSCode 是秒开,速度和 Notepad++不相上下。在总体体验方面,VSCode 要比 Notepad++好很多,Notepad++的功能比 VSCode 弱。因为打开速度特别快,所以 VSCode 也非常合适作为普通文本阅读器。

5. 初识 WebForm

WebForm 是微软开发的一款产品,它将用户的请求和响应都封装为控件。让开发者认为自己是在操作一个 Windows 界面,极大地提高了开发效率。WebForm 负责封装用于用户端显示的数据。在 EasyJWeb 中,WebForm 是一个非常重要也是使用最为频繁的对象,它充当了在视图及程序之间传输、处理数据的媒介。在 MS.NET 架构里,Form 是一个经常使用到的词汇。比如,编写 Windows 应用时会提到 Windows Form,编写 Web 应用时会提到 Web Form。Web Form 则代表了一个一个的 Web 页面。Form 就像是一个容纳各种控件的容器,各种控件都必须直接或者间接的和它有依存关系。

同步练习

（1）查阅常用网页制作工具的特点。

（2）下载 Notepad++、Dreamweaver 等网页制作软件，安装并初步认识这些软件。

任务 1.4　网站建设基本流程

任务描述

熟悉网站建设的基本流程：前期调研与策划、中期实施与细化和后期维护与更新。

网站建设要遵循网站建设的基本流程。Web 开发一般分为前端和后端两部分。前端指的是直接与用户接触的网页，网页上通常有 HTML、CSS、JavaScript 等内容。后端指的是程序、数据库和服务器层面的开发。网站建设前期需要充分与客户沟通交流，需求调研分析是网站建设规划的基础，为网站中期建设与细化和网站后期维护与更新奠定良好的基础。所以，遵循网站建设的基本流程，不但可以提高网站建设人员的工作效率，还能保证网站建设的科学性、合理性和严谨性。网站建设的基本流程如图 1-6 所示。

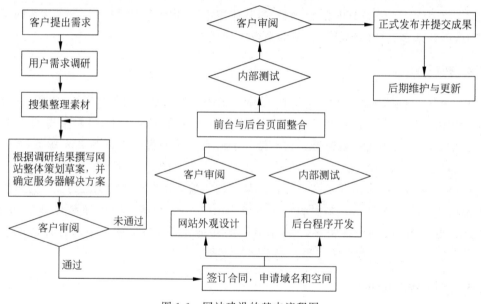

图 1-6　网站建设的基本流程图

任务 1.4.1　网站前期调研与规划

网站前期调研与规划是网站建设的重要环节，主要包括用户需求分析，市场调研，充分与客户进行沟通与交流，确定网站建设的目标、核心功能、鲜明主题和风格定位等内容。网站前期调研与规划一般包括以下三个方面。

1. 需求分析调研

网站建设团队要与客户进行充分的交流，正确地引导客户将自己的实际需求表达出来，以明确建设网站的主要目的和具体要求。必要时可以通过客户欣赏网站实例，进一步明确用户的需求。在充分了解客户的所有要求后，结合网站技术特点，提出网站初步设计方案，与客户反复交流沟通，最终确定网站建设方案。

2．收集整理素材

明确网站建设目标和主题后就需要围绕网站建设主题，收集和整理与网页内容相关的文字资料、图像、视频和动画等素材。需要注意的是，客户提供的各种资料是非常重要的素材之一。

3．网站建设规划

网站建设规划的优劣程度直接影响网站建设的整体效果，也是网站发布后能否成功运行的重要因素。网站建设规划设计对网站建设具有指导和定位的作用。网站建设规划包括网站的整体结构，主题定位，风格设计，色彩搭配，版面布局设计，文字、图片和动画的灵活运用，以及网站建设规划设计说明书等。

任务1.4.2　网站中期建设与细化

在前期的网站建设规划设计确定后，就需要对网站进行具体建设与实施，在建设实施的过程中，不断地细化和优化。这主要包括前台页面设计与制作和后台应用程序功能开发与实现。

1．规划与创建站点

在制作网页之前，首先创建一个站点，使用站点对网页文档、样式表文件、网页素材进行统一的管理。站点规划好后，即可进行网页设计与制作。

2．网站外观设计

网站外观设计直接影响网站的整体效果，精心策划的网站建设方案最终要通过网页表现出来。因此，在网页设计与制作风格上，必须有明确的定位，必须精心细致地制作，使网站建设符合用户要求。网站外观设计主要包括Logo设计、标准字体、标准色调、网页布局、Banner、图标、导航栏等。一般需要设计多套不同风格的样稿交客户讨论，并提出修改意见，直到客户满意为止。

3．网页制作

网页外观设计完成后，就需要将其制作成网页。网页制作是一项十分艰巨的任务，要遵循先整体后细节、先简单后复杂的原则。先整体后细节是指先将网站的总体框架制作出来，然后再逐步完善各个细小的环节。先简单后复杂是指先对每个小问题采取各个击破的策略，从而大大降低综合问题的难度与复杂度。

在制作网页时，首先对设计稿的布局和配色有整体认识，然后根据规划要求对设计稿进行切片，最后使用CSS布局的方式将网页制作出来。

制作完成的网页,还要对其进行必要的优化,以加快页面的加载速度、增强页面的适应性,改善浏览者对网站的印象。

4. 后台应用程序开发

为使网站具有数据库操作功能与强大的交互功能,通常需要使用服务器端的动态网页设计语言(如 ASP、JSP、PHP 等)开发后台应用程序。后台应用程序主要实现对后台数据库的事务处理,同时负责数据库与前台页面间的连接。在编写 Web 应用程序时,需要选择合适的解决方案将页面文件与事务逻辑结合在一起。

5. 网站测试

网站测试是保证网站质量的重要环节,是一个复杂的过程,需要经过反复的测试、审核与修改,测试无误后方可发布。通常是将站点移到一个模拟调试服务器上对其进行测试或编辑。测试项目一般包括内容的正确性、各种链接的有效性、浏览器的兼容性、功能模块的正确性、稳定性测试和安全性测试等。

在测试过程中,反复听取各方面的意见和建议,不断完善功能,直到客户满意为止。

6. 网站发布

网站制作的目的就是进行信息发布。通过测试的网站可以上传到互联网服务器上进行发布。发布站点之前需在 Internet 上申请一个主页空间,用来指定网站或主页在 Internet 上的位置。

任务 1.4.3　网站后期维护与更新

网站上传到服务器后,还需不断地对网站内容及功能进行维护和更新,以保持信息内容的时效性和功能的完善性。网站的维护与更新主要包括定期检查网络和服务器的工作状态,根据用户的需求对网站网页进行增加、删除和修改,后台数据库维护与备份,采取有效的安防措施防止黑客入侵等。

同步练习

(1) 请打开你所就读学校的网站,按照网站建设的基本流程,体会学校网站建设的过程。
(2) 假设你要建设一个班级网站,请按照网站建设的流程考虑如何进行。

任务 1.5　认识 W3C 联盟与 Web 标准

任务描述

了解 W3C 联盟和 Web 标准。

任务 1.5.1　W3C 联盟

W3C(World Wide Web Consortium,万维网联盟)是一个 Web 标准化组织。W3C 是国际著名的标准化组织,它最重要的工作是发展 Web 规范。自 1994 年成立以来,W3C 已经发布了 200 多项影响深远的 Web 技术标准及实施指南,如超文本标记语言(HTML)、可拓展标记语言(XML)等。这些规范有效地促进了 Web 技术的兼容,对互联网的发展和应用起到了基础性和根本性的支撑作用。W3C 的官网地址是 https://www.w3c.org。

同步练习

登录 W3C 官网,了解 Web 技术标准及实施指南。

任务 1.5.2　认识 Web 标准

由于不同的浏览器对同一个网页的解析效果可能不一致,为了让用户能够看到正常显示的网页,Web 开发者常常需要为多个版本的开发而艰苦工作,当使用新的硬件(如移动电话)和软件(如微浏览器)开始浏览网页时,这些情况会变得更加严重。为了 Web 能更好地发展,在开发新的应用程序时,浏览器开发商和站点开发商共同遵循统一的标准就显得非常重要,W3C 与其他标准化组织共同制定了一系列的 Web 标准。

Web 标准也称网页标准,它由一系列标准组成,这些标准大部分由 W3C 负责制定,也有一些标准是由其他标准组织制定的,如 ECMA 的 ECMAScript 标准等。实际上,Web 标准并不是某一个标准,而是一系列标准的集合。

通常所说的 Web 标准一般指网站建设采用基于 XHTML 语言的网站设计语言,Web 标准中典型的应用模式是 CSS+DIV,也就是狭义的 Web 标准。而广义的 Web 标准是指网页设计要符合 W3C 和 ECMA 规范。

Web 标准主要由结构(structure)、表现(presentation)和行为(behavior)三部分组成。结构化标准语言主要包括 XHTML 和 XML,用来制作网页;表现标准语言主要包括 CSS,用来对网页进行美化;行为标准主要包括对象模型(如 W3C DOM)、ECMAScript 等,用来让网页动起来,具有生命力。Web 标准的本意是实现内容(结构)和表现的分离,将样式剥离出来放在单独的 CSS 文件中。这样做的好处是可以分别处理内容和表现,也方便搜索和内容的再利用。

1. 结构标准

结构用于对网页元素进行整理和分类,主要包括 HTML、XML 和 XHTML,具体内容如下。

(1) HTML。HTML,即超文本标记语言,使用 HTML 语言描述的文件,需要通过 WWW 浏览器显示效果。HTML 是一种最为基础的语言。超文本可以加入图片、声音、动画、影视等内容,它可以从一个文件跳转到另一个文件,与世界各地主机的文件连接。所谓标记,就是它采用了一系列的指令符号来控制输出的效果,这些指令符号用"＜标签名字属性>"来表示。

(2) XML。XML(extensible markup language)即可扩展标记语言,其最初设计的目的是弥补HTML的不足,以强大的扩展性满足网络信息发布的需要,后来逐渐用于网络数据的转换和描述。XML是一种简单的数据存储语言,使用一系列简单的标记描述数据,而这些标记可以用方便的方式建立,虽然XML比二进制数据要占用更多的空间,但XML极其简单易于掌握和使用。

(3) XHTML。XHTML(extensible hypertext marked language)即可拓展超文本标记语言。XHTML是基于XML的标识语言,在HTML4.0的基础上,用XML的规则对其进行扩展建立起来的,实现了HTML向XML的过渡。它删除了部分表现层的标签,标准要求提高,有严谨的结构,所有标签必须关闭。如果是单独不成对的标签,在标签最后加一个"/"来关闭它。

2. 表现标准

表现用于设置网页元素的版式、颜色、大小等外观样式,主要指的是CSS(cascading style sheets,层叠式样式表)。CSS标准建立的目的是以CSS为基础进行网页布局,控制网页表现,取代HTML表格式布局、帧和其他表现的语言,通过CSS样式可以使页面的结构标签更具美感、网页外观更加美观。CSS布局与XHTML结构语言相结合,可以实现表现与结构的分离,使网站的访问及维护更加容易。

3. 行为标准

行为是指网页模型的定义及交互的编写,其标准主要包括对象模型(DOM)和ECMAScript两个部分。

(1) DOM(document object model)即文档对象模型。DOM是中立于平台和语言的接口,它允许程序和脚本动态地访问和更新文档的内容、结构和样式。简单理解,DOM解决了Netscaped的Javascript和Microsoft的Jscript之间的冲突,给予Web设计师和开发者一个标准的方法,让他们来访问他们站点中的数据、脚本和表现层对象。

(2) ECMAScript是ECMA(European Computer Manufacturers Association)制定的以JavaScript为基础的标准脚本语言。JavaScript是一种基于对象和事件驱动,并具有相对安全的客户端脚本语言,广泛用于Web开发,常用来给HTML网页添加动态效果,增强网页的生命力。

使用Web标准的优点如下。

(1) 更简易的开发与维护,提高代码的编写效率。在HTML文件中使用最精简的代码,把样式和页面布局信息包含进CSS文件中。放在服务器上的文件越小,下载文件需要的时间就越短。使用更具有语义和结构化的HTML,将能更加容易、快速地理解编写的代码。

(2) 更好的适用性和易维护。页面的样式和布局信息保存在单独的CSS文件中,如果想改变站点的外观,仅需要在单独的CSS文件中做出更改即可。网站统一CSS则可带来巨大的便利。

（3）更好的可访问性。语义化的 HTML（结构和表现相分离）将让使用浏览器以及不同的浏览设备的读者都能很容易地看到内容。

（4）更好的兼容性。纯 HTML，无附加样式信息，可以针对具有不同特点（如屏幕尺寸等）的设备而被重新格式化，只需要引用一套另外的样式表即可。当使用已定义的标准和规范的代码时，这个向后兼容的文本就消除了不能被未来的浏览器识别的隐患。

（5）更快的网页下载、读取速度。更少的 HTML 代码带来的将是更小的文件和更快的下载速度。如今的浏览器处于标准模式下时将比它在以前的兼容模式下拥有更快的网页读取速度。

（6）更高的搜索引擎排名。内容和表现的分离使内容成为一个文本的主体。与语义化的标记结合会提高在搜索引擎中的排名。搜索引擎使用"爬虫"，解析你的网页。语义化的 HTML 能更准确、更快速地被解析，从而知道哪些才是重要的内容，那么你的网页在搜索结果中的排名就会大受影响。

任务 1.6　HBuilder(X) 的安装与使用

➡ 任务描述

会下载并安装 HBuilder(X)。

1. HBuilder(X) 的安装

HBuilder 或 HBuilder(X) 是一款非常优秀的 Web 前端开发工具，登录官网 http://www.dcloud.io 下载最新版的 HBuilder 或 HBuilder(X)，如图 1-7 所示。下载完成后运行 HBuilder.exe 文件，按照提示进行安装，软件界面如图 1-8 所示。

图 1-7　HBuilder 官网首页

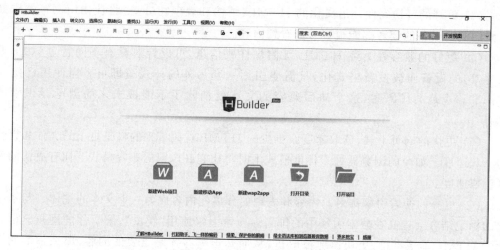

图 1-8　HBuilder 软件界面

2. 使用 HBuilder 新建项目

HBuilder 是前端集成开发软件，可以创建基于 PC 端的 Web 项目，也可以创建基于手机端的移动 APP，还可以创建项目内包含的目录和文件（常见的有 HTML 文件、JavaScript 文件、CSS 文件、PHP 文件、JSON 文件、XML 文件、XSLT 文件、TXT 文件以及自定义文件等）。本书的开发是基于 PC 端开发的，创建 Web 项目的过程如下。

（1）打开 HBuilder，依次单击【文件】→【新建】选择【Web 项目】，新建 Web 项目的界面如图 1-9 所示。

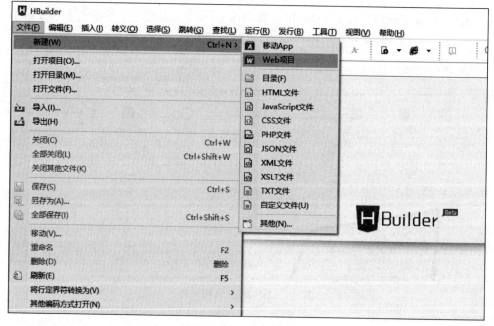

图 1-9　新建 Web 项目

（2）在打开的创建 Web 项目的对话框（图 1-10）中输入项目的名称，如 student，选择项目目录存放的位置，单击【完成】按钮，在工作区左侧出现如图 1-11 所示的项目管理器界面。至此，一个新的 Web 项目就创建完成了。

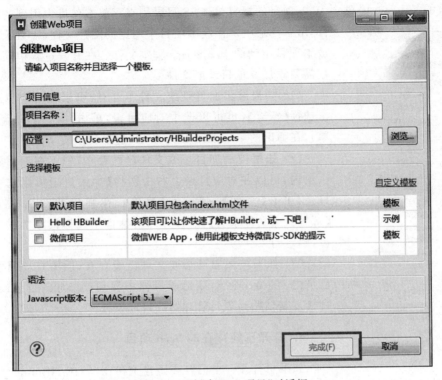

图 1-10 "创建 Web 项目"对话框

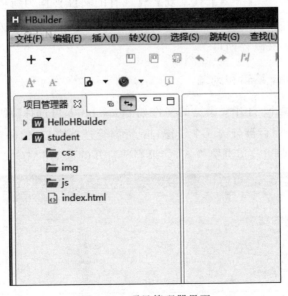

图 1-11 项目管理器界面

3. 使用 HBuilder 创建文件或目录

Web 项目创建完成后，在项目管理器中能看到这个项目的基本结构，项目文件是分类存放的，student 是整个 Web 项目的根目录，CSS 目录用来存放本项目中用到的样式文件，img 目录用来存放本项目中用到的图片文件，js 目录用来存放本项目用到的 JavaScript 脚本文件。在开发过程中还可以根据需要添加其他目录或文件。

（1）如果被添加目录或文件不存在，可以在对应目录上右击选择【新建】（也可以选中对应目录，单击【文件】→【新建】菜单），在弹出的菜单如图 1-12 所示，选择目录或文件。

（2）如果被添加目录或文件已经存在，但不在项目管理器目录内，可以在对应目录上右击选择【导入】（也可以选中对应目录，单击【文件】→【导入】菜单），在弹出的对话框中选择【常规】→【文件系统】，在打开的对话框中选择被添加的文件路径，确定即可。

（3）如果被添加目录或文件已经存在，但不在项目管理器目录内，在 Windows 资源管理器中找到被添加的目录或文件，直接复制粘贴到项目管理器的目标位置。

图 1-12 "新建"菜单

4. 打开已经存在的 Web 项目

如果想打开一个已经在磁盘上存在，但在 HBuilder 项目管理目录中不存在的项目，可在项目管理器的空白位置右击选择【导入】→【常规】→【现有的文件夹作为新项目】，在打开的对话框中选择被添加的项目文件夹路径，或者打开【文件】→【打开目录】，在弹出的对话框中选择被添加的项目文件夹路径即可。

5. 使用 HBuilder 编辑和浏览

在 HBuilder 环境下，打开要浏览的文件如 index.html，可选择【视图】→【显示视图】→【Web 浏览器】，整个窗口被分为三个子窗口：资源管理器窗口、代码窗口、Web 浏览器窗口，如图 1-13 所示，即边改边浏览模式，如果当前打开的是 HTML 文件，每次修改后保存

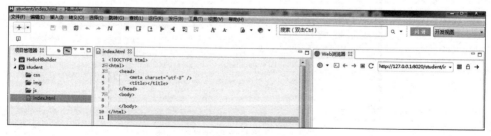

图 1-13 HBuilder 编辑和浏览模式

均会自动刷新以显示当前页面效果（若为 JS、CSS 文件，如与当前浏览器视图打开的页面有引用关系，也会自动刷新）。

6. 使用 HBuilder 开发第一个网页

在中国共产党成立 100 周年之际，可以通过网页进行宣传，表达我们对党的热爱和祝福。下面使用 HBuilder 制作一个简单的红色主题网页。需要的素材为一张分辨率较高的红色主题背景图，如图 1-14 所示。

图 1-14　红色主题背景图

（1）打开 HBuilder，创建名称为 student 的 Web 项目，把准备好的背景图片复制到 img 目录内，并重命名为 bg.jpg。

（2）双击打开项目文件 index.html 进行编辑，在 body 标签内添加如下代码。

```
<div class="bg_red">
    <div id="yellow" class="font_yellow" onclick="change()">热烈庆祝中国共产党成立100周年</div>
</div>
```

（3）在项目管理器的 css 目录里创建 style.css 的 CSS 文件，并添加如下代码。

```
body {
    margin: 0 auto;
    background-color: red;}
.bg_red {
    width: 1200px;
    height: 562px;
    background: url(../img/bg.jpg) no-repeat;
    margin: 0 auto;
    margin-top: 100px;}
```

```css
.font_yellow {
    display: block;
    width: 800px;
    height: 300px;
    color: #FFFF00;
    font-family: "微软雅黑";
    font-size: 50px;
    font-weight: bold;
    position: absolute;
    margin-top: 190px;
    margin-left: 350px;}
```

注意:

.bg_red 和.font_yellow 前面的小点是英文输入法状态输入，而且不能丢失。

（4）在项目管理器的 js 目录里创建 script.js 的 JavaScript 文件，并添加如下代码。

```javascript
function change(){
    document.getElementById("yellow").style.color = "#FF0000";}
```

（5）在 index.html 文件的结束标记</head>前添加如下代码。

```html
<link rel="stylesheet" href="css/style.css" />
<script src="js/script.js" type="text/javascript"></script>
```

（6）在浏览器中运行。运行前保存所有有修改的文件，并选中 index.html 起始页文件，单击【运行】菜单，选择【浏览器运行】→Chrome。或者在选中 index.html 文件的前提下，直接单击工具栏上的 Chrome 图标运行，运行后的结果如图 1-15 所示。

图 1-15　第一个网页的运行结果

单击"热烈庆祝中国共产党成立 100 周年"区域,区域内文字由黄色变成红色,运行结果如图 1-16 所示。

图 1-16　单击第一个网页后的运行结果

单 元 小 结

本单元通过认识 Internet 和对优秀网页的赏析,对网页设计与制作有整体的认识,认识网站和网页的基本概念、网页的基本组成元素、网页布局结构、网页色彩搭配、网页和网站建设的基本流程。下载和安装 HBuilder(X)集成开发工具,利用 HBuilder(X)开发第一个网页,对网页的常用制作工具软件有了初步的了解。

单元实践操作

实践操作的目的

(1) 观察体会网站首页设计风格、网页布局、色彩搭配,认识网页的基本组成元素。
(2) 通过在网上搜索,收集一些制作网页的素材,便于以后使用。
(3) 会简单使用 HBuilder(X)开发环境。
(4) 会创建站点。
(5) 会制作简单网页并保存。

实践任务 1.1：优秀网站赏析

优秀网站赏析的操作要求及步骤如下。

(1) 启动 IE 浏览器,在地址栏中输入 http://www.sohu.com 并按 Enter 键打开搜

狐网首页,观察门户网站的页面布局和各组成元素的搭配。

(2) 在浏览器地址栏中输入 http://www.zol.com.cn 并按 Enter 键打开中关村在线首页,观察专题类网站的用色及页面版面设计。

(3) 在地址栏中输入 http://www.taobao.com 并按 Enter 键打开淘宝网首页,观察交易类网站的页面布局特点及 Banner 的制作和使用。

(4) 在地址栏中输入 http://www.tianya.cn 并按 Enter 键打开天涯社区网站的首页,观察非主页式首页,简洁、美观非主页式首页的特点。单击"浏览进入"超级链接进入其主页,观察社区论坛类网站的布局和用色技巧。

(5) 在地址栏中输入 http://www.chinagwy.org/并按 Enter 键打开国家公务员网站首页,观察政府类网站的用色及布局方式。

(6) 访问你就读过的中学的网站、正在读的大学的网站,或者搜索其他高校网站,观察教育类网站页面风格设计和色彩搭配。

(7) 利用百度搜索有关旅游景点网站,比较分析网站首页的主要组成元素、网页布局和色彩搭配。从中选出 1~2 个你认为制作精美的网站,完成表 1-1。

表 1-1　优秀网站首页赏析评价表

任 务 名 称	优秀网站赏析
任务完成方式	独立完成(　　)　　小组完成(　　)
完成所用时间	
优秀网站网址	
网页中包含的主要组成元素	
网页布局结构特点	
网页色彩搭配特点	
网站整体体会	

实践任务 1.2：设计制作我的网页

根据"任务 1.6　HBuilder(X)的安装与使用",利用 HBuider(X)开发工具,建设一个"个人名片"的网页。其操作要求及步骤如下。

(1) 新建站点。

(2) 在网页 index.html 中输入相应的文字内容,如姓名、学号、性别、专业、班级、个人简介等,注意尽量使文字美观,格式简单。

(3) 保存网页,并浏览网页效果。

(4) 再次打开保存的 index.html 网页,进行编辑修改,保存网页,并浏览网页效果。

实践任务评价如表 1-2 所示。

表 1-2 实践任务评价表

任 务 名 称	设计制作我的网页			
任务完成方式	独立完成（ ）　　　　小组完成（ ）			
完成所用时间				
考核要点	任务考核 A(优秀)、B(良好)、C(合格)、D(较差)、E(很差)			
	自我评价(30%)	小组评价(30%)	教师评价(40%)	总评
正确使用编辑工具				
创建站点的操作				
新建、编辑、保存和打开网页的操作				
色彩搭配				
网页完成整体效果				
存在的主要问题				

单 元 习 题

一、单选题

1. 使用浏览器访问网站时，第一个被访问的网页称为(　　)。
   A. 网页　　　　B. 网站　　　　C. HTML　　　　D. 主页
2. 以下不能编辑网页的软件是(　　)。
   A. HBuilder　　B. Dreamweaver　　C. FrontPage　　D. IE
3. 关于网站的设计和制作，下列说法错误的是(　　)。
   A. 设计是一个思考的过程，而制作只是将思考的结果表现出来
   B. 设计是网站的核心和灵魂
   C. 一个相同的设计可以有多种制作表现形式
   D. 设计与制作是同步进行的
4. 影响网站风格的最重要的因素是(　　)。
   A. 色彩和窗口　　　　　　　　B. 特效和架构
   C. 色彩和布局　　　　　　　　D. 内容和布局
5. 下列各项中属于网页制作工具的是(　　)。
   A. Photoshop　　B. Flash　　C. HBuilder　　D. CuteFTP
6. 下列不属于 Adobe 公司产品的是(　　)。
   A. Dreamweaver　　B. FireWorks　　C. Flash　　D. FrontPage

7. 网页的本质特征是(   )。
   A. 超文本与超链接
   B. 标识语言,网页中不能没有标记
   C. 网页实现了对原文档信息的无限补充或扩展
   D. 网页提供了一些措施,防在网上冲浪的过程中迷失方向
8. 使用浏览器访问 Web 服务器时,主要使用的传输协议为(   )。
   A. FTP   B. TELNET   C. HTTP   D. SMTP
9. IP 地址为 202.112.112.224 的主机位于(   )类网络中。
   A. D   B. C   C. B   D. A
10. 一个完整的 URL 的各组成部分的正确排列顺序是(   )。
    A. 服务器地址、协议名称、目录部分、文件名
    B. 文件名、目录部分、服务器地址、协议名称
    C. 协议名称、服务器地址、目录部分、文件名
    D. 协议名称、目录部分、文件名、服务器地址
11. 下列关于域名系统的说法正确的是(   )。
    A. 域名转换成主机名   B. 主机名转换成域名
    C. 主机名转换成 IP 地址   D. 域名转换成 IP 地址

二、简答题

1. 什么叫主机的 IP 地址？IP 地址由哪几部分组成？什么是 Internet 上主机的域名？
2. 我国的顶级域名是什么？二级域名 edu 指的是哪个机构？
3. 请解释 http://www.sdut.edu.cn/wwwroot/default.html 的含义。
4. 什么是网页？什么是网站？二者有什么区别？
5. 常见的网页结构布局包括哪几种？
6. 简述网站建设的基本流程。

单元 2

HTML 基础

案例宏观展示引入

　　HTML 是网页制作的基础,很多网页都是以 HTML 为基础编写的,使用 HTML 编写的文档称为 HTML 文档。如图 2-1(a)所示,为腾讯网的主页,在 Google Chrome 浏览器中,单击右侧的三个点,选择【更多工具】→【开发者工具】菜单命令,选择 element,即可打开网页源代码,如图 2-1(b)所示,不难发现网页源代码是用 HTML 语言编写的。

(a) 腾讯网主页

图 2-1　网页与 HTML

(b) 网页对应的HTML与CSS源代码

图 2-1(续)

本单元主要介绍 HTML 基础,常见的各种元素的含义,使用记事本编写简单的网页,让读者对 HTML 代码有一个初步认识,能看懂基本的 HTML 源代码。

学习任务

☑ 理解 HTML 的概念。
☑ 掌握编写简单 HTML 网页文档的方法。
☑ 掌握各类常见元素的含义及其使用方法。
☑ 了解 XHTML 和 HTML5 的相关概念。
☑ 能够使用 Notepad++ 或记事本编写简单网页。

任务2.1 认识 HTML

任务描述

(1) 认识 HTML。
(2) 了解 HTML 网页文件的命名规则。

HTML 是一种用来制作超文本文档的简单标记语言。用 HTML 编写的超文本文档称为 HTML 文档。HTML 通过标签符号来标记要显示的网页中的各个部分,浏览器根据不同的标签来解释和显示其标签的内容,这样才能使访问者浏览到漂亮的网页。

对于初学者而言,学习 HTML 中的各种标签可能非常枯燥,但 HTML 的学习对后期网页制作水平的提高有重要的作用。

HTML 经历多个版本,都是通过浏览器负责解释和翻译,最终将网页中的所能呈现的内容显示给用户。实际上,HTML 不能算是一种程序设计语言,因为它缺少程序设计语言所应有的特征,是一种 Internet 上比较常见的网页制作标记语言。

HTML 网页文件的命名规则如下。

(1) 以 HTML 编写的网页文件,其扩展名为 *.htm 或 *.html,网站主页的常用名称为 index.htm 或 index.html 等。

(2) 网页文件名命名允许使用汉字、英文字母和下划线,不能包括空格和特殊字符,但不建议使用中文汉字命名。

(3) 网页文件名命名区分大小写。

使用 HTML 编写网页的方法一般有三种。

(1) 使用传统文本编辑器(如记事本)编写 HTML 网页。

(2) 使用网页制作工具进行网页编写,这种方法制作的网页较为简单、方便、快捷。例如,Notepa++、HBuilder(X)、VScode、WebForm、Dreamweaver 等网页制作工具。

(3) 动态网页制作方法,即通过编写程序,由 Web 服务器实时动态的生成网页的方法。

任务 2.2 编写简单的 HTML 网页文档

任务描述

(1) 掌握 HTML 网页的基本结构。
(2) 编写简单的 HTML 网页文档。

HTML 的网页文档可以用多种工具编写,下面以记事本为例说明 HTML 文档的编写。

任务实例 2-2-1 利用记事本编辑简单网页

利用记事本编辑简单网页的主要操作步骤如下。

(1) 打开记事本,输入如下 HTML 代码,这就是一个简单的 HTML 网页文件,也是组成网页文档的基本结构。

```html
<html>
    <head>
        <title>第一个网页</title>
    </head>
    <body>
        <h1 align="center">欢迎光临我的主页</h1>
        <hr>
        <p>这是使用记事本编写的第一个网页作品,你看怎么样?:)</p>
    </body>
</html>
```

(2) 将其保存为扩展名为＊.html 或＊.htm 的网页文档。

(3) 用浏览器打开保存的 HTML 文档,显示效果如图 2-2 所示。

图 2-2　HTML 文档在浏览器中的显示效果

从编写的简单网页实例可以看出,HTML 文档是由各种 HTML 元素组成的,如 html 元素、head(头部)元素、body(主体)元素、p(段落)元素、h1(一级标题)元素等。这些元素通过一对尖括号组成标签来表现网页内容。

(1) 标签。HTML 标签是由一对尖括号＜和＞,以及标签名组成的。在 HTML 网页文档中,标签通常都是成对出现的,标签分为开始标签＜　＞和结束标签＜／　＞。例如,＜p＞段落＜/p＞,p 为标签名称,＜p＞开始标签,＜/p＞为结束标签。HTML 网页文档就是通过不同功能的标签来控制 Web 页面内容的。

(2) 元素。HTML 元素是组成 HTML 文档的最基本部分,按照有无内容分为有内容元素和空元素。

```
<h1>欢迎光临我的主页</h1>      <!-- h1(一级标题)元素为有内容元素-->
<hr>                          <!-- hr(水平线)元素为空元素-->
```

(3) 属性。在各种元素的开始标签中,可以增加"属性"来描述元素的其他特性,属性的值要用等号进行连接,并用英文的双引号进行标注。例如,＜h1 align="center"＞欢迎光临我的主页＜/h1＞中,align 属性用于设置标题的对齐方式,它的属性值包括 left(左对齐)、center(居中)、right(右对齐)。

📢 提示:
- 在 HTML 源文件中,标签不区分大小写,但在 XHTML 中一律使用小写。
- 编写 HTML 文档,实际上是编写各种标签及其属性。

(4) HTML 网页文档基本结构。HTML 网页文档基本结构及其代码解读如下。

```
<html>                        <!-- HTML 文档开始标签-->
    <head>                    <!--网页头部开始标签-->
        ...                   <!--网页头部的内容-->
    </head>                   <!--网页头部结束标签-->
    <body>                    <!--网页文档主体开始标签-->
        ...                   <!--网页主体内容-->
    </body>                   <!--网页主体内容结束标签-->
</html>                       <!-- HTML 文档结束标签-->
```

HTML 定义了 3 个元素,用于描述网页页面的整体结构。页面结构元素不影响页面的显示效果，而是帮助 HTML 工具对 HTML 文件进行解析和过滤的。主要的三个基本元素包括 html 元素、head 元素和 body 元素。

> **提示：**
> - head 元素包含的是网页中的不可见区域。
> - body 元素包含的是网页中的可见区域。

（5）HTML 注释。在 HTML 源文件中注释使用<!--注释内容-->形式，注释内容只出现在源代码中，便于代码的阅读与理解，不会在浏览器中显示出来。

同步练习

选择一首唐诗（如李白的《静夜思》），利用记事本编辑自己的第一个网页作品，在源代码中加上必要的注释说明。

任务 2.3 认识常见的 HTML 元素

任务描述

（1）理解常见的 HTML 元素的语法格式及属性。
（2）熟练运用常见的 HTML 元素编写简单的网页。

丰富多彩的网页是由一系列 HTML 元素组成的。下面介绍常用的 HTML 元素。

任务 2.3.1 HTML 的基本元素

HTML 基本的结构元素包括 3 个，分别是 html 元素、head 元素和 body 元素，这 3 个元素是每个网页文档中必不可少的组成部分，但是，它们在每个网页文档中只能出现一次。

（1）html 元素。html 元素由一对<html>…</html>标签组成，标明这是一个 HTML 文档，其作用是告知浏览器网页的格式为 HTML 格式，用来界定 html 文档的起始位置，从标签<html>开始，到标签</html>结束。

（2）head 元素。head 元素包含的是 HTML 文档的头部信息，从标签<head>开始，到标签</head>结束，主要包含页面的一些基本描述语句。一般头部的信息不会直接显示在网页正文中，它为浏览器提供一些信息，如标题、文档使用的脚本、样式定义等。常用的头部标签如表 2-1 所示。

表 2-1 常用的头部标签

标签	描述
<title>…</title>	设置出现在浏览器的左上角的标题内容
<meta>	描述网页的信息，这些信息常被搜索引擎用于检索网页，如关键字
<style>…</style>	设置用于本页面的 CSS（层叠样式表）规则
<link>	设置外部文件的链接，如外部 CSS 或 JavaScript 等文件
<script>…</script>	设置页面中程序脚本的内容

请解释下列例题中 HTML 代码的含义。

```
<meta http-equiv="Content-Type" content="text/html"; charset="GB2312" />
```

content 属性是提供页面内容的相关信息,指明文档类型为文本类型。charset 属性定义字符集,提供网页的编码信息,浏览器根据这行代码选择正确的语言编码,GB2312 表示定义网页内容用的是标准简体中文显示。

```
<meta name="keywords" content="HTML,网页制作" />
```

设置网页关键字两个,分别为 HTML 和网页制作。搜索引擎根据这些关键字查找网站主页,各个关键字用逗号隔开。

```
<meta http-equiv="refresh" content="3;url=http://www.sohu.com" />
```

网页自动刷新,经过用户自定义的 3 秒后,网页自动跳转到 URL 指定的位置。

```
<meta name="author" content="sohu315" />
```

指定网页作者为 sohu315。

```
<meta name="description" content="网页制作项目实用教程" />
```

描述该网页的主题为"网页制作项目实用教程"。

注意:
- 在 HTML 头部可以包括任意数量的<meta>标签。
- <meta>标签只能放在<head></head>标签内。

(3) body 元素。body 元素包含的是 HTML 文档的网页内容的主体,从<body>开始,到</body>结束,包括页面所有内容,如文本、图片、动画、视频、表格、链接、表单等。body 元素的常用属性如表 2-2 所示。

表 2-2 body 元素的常用属性

属性	描述
text	设置页面文本颜色
link	设置链接文本颜色
vlink	设置活动链接颜色,即单击时链接文本所显示的颜色
alink	设置已访问过的链接文本颜色
bgcolor	设置页面的背景颜色
background	设置页面的背景图像
leftmargin	设置页面的左边距
topmargin	设置页面的上边距

body 元素中可以同时使用多个属性。

```
<body text="#FF0000" bgcolor="#CCCCCC" background="bg.jpg" link="3300FF" alink="#FFCC99" leftmargin="20px" topmargin="50px">
```

其中,属性值颜色由一个十六进制符号来定义,这个符号由红色、绿色和蓝色的值组成(RGB),如#FF0000 表示红色。

🔊 提示:

学习 HTML 语言需要记住的东西很多,但是没有必要全部记住,需要做的是了解几个常用元素的功能及其属性,当看到一个网页时,就知道能用什么元素或者属性实现就可以了。编辑网页时,可以查看帮助资料。

任务实例 2-3-1　HTML 的基本元素案例

(1) 打开已经安装的 Notepad++编辑软件或记事本,输入如下 HTML 代码。

```
<html>
  <head>
    <title>基本标签案例</title>
    <meta http-equiv="Content-Type" content="text/html"; charset="GB2312" />
    <meta name="keywords" content="基本标签,河北石油职业技术大学简介" />
    <meta name="author" content="sohu315" />
    <meta name="description" content="河北石油职业技术大学简介" />
  </head>
  <body text="#990000" bgcolor="#CCCCCC" background="bg.jpg" link="3300FF"
    alink="#FFCC99" leftmargin="20px" rightmargin="20px"topmargin="20px">
    <h1 align="center">河北石油职业技术大学简介</h1>
    <p>     河北石油职业技术大学始于 1903 年创办于天津的"北洋工艺学堂",是我国兴办最早的高等工业职业院校之一。学校 1952 年开始主要面向石油工业服务,1958 年迁至河北省承德市。2021 年 1 月经教育部批复,整合河北工业大学城市学院与承德石油高等专科学校办学资源,转设为河北石油职业技术大学,现为中央与地方共建、以河北省人民政府管理为主的公办本科职业学校。学校占地面积 1000 余亩,校舍建筑面积 37 万余平方米,教学科研仪器设备 2.2 亿余元。图书馆纸质藏书 100 万余册,电子图书 40 万余册,各类电子资源数据库 18 个。</p>
    <p>      河北工业大学城市学院是全国教育改革创新示范院校、中国十佳独立学院、全国教育系统先进集体。承德石油高等专科学校是教育部全国示范性高等工程专科重点建设学校、国家示范性高等职业院校重点建设单位和优秀院校、教育部人才培养水平评估优秀院校、国家优质专科高等职业院校、国家"双高计划"高水平专业群建设院校、全国机械行业服务先进制造高水平骨干职业院校、中国石油和化工职业教育"一带一路"联盟创始成员单位,先后获得全国文明单位、全国高校毕业生就业典型经验高校、全国高职院校"国际影响力 50 强""教学资源 50 强""育人成效 50 强"等荣誉称号。在全国高职高专院校竞争力排行榜多次位列全国前列、河北省第 1 位。</p>
  </body>
</html>
```

(2) 将其保存为扩展名为 *.html 或 *.htm 的网页文档。

(3) 用浏览器打开保存的 HTML 文档,显示效果如图 2-3 所示。

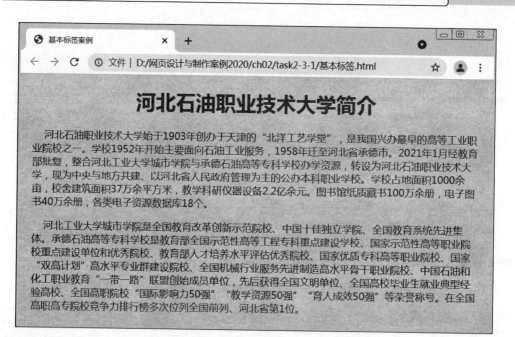

图 2-3　基本元素案例显示效果图

同步练习

请参照上述任务实例，制作以班级简介为主题的网页。

任务 2.3.2　格式元素

网页设计过程中，经常要用到一些格式元素对网页格式进行定义，特别是 HTML 不识别回车键和空格键，因此，格式元素显得非常重要。常用的格式元素如表 2-3 所示。

表 2-3　常用的格式元素

元素	描述

	换行标签，单独标签，不需要有结束标签
<p>...</p>	段落标签
<hr>	水平线标签

（1）换行元素。使用
标签强制进行换行、分段，放在一行的末尾，可以使后面的文字、图片、表格等显示在下一行，不会在行与行之间留下空行。这是一个自关闭元素。

（2）段落元素。使用<p>...</p>标签定义段落，使网页正文文字段落排列更加整齐、美观。例如：

```
<p align= "center">欲穷千里目,更上一层楼。</p>
```

其中 align 属性表示段落的对齐方式：left（左对齐）、center（居中）和 right（右对齐），默认左对齐。

（3）水平线元素。使用<hr>标签，可以在页面中插入一条水平标尺线，使不同功能的文字隔开，便于查找阅读。例如：

```
<hr width= "100% " size= "1px" color= "# 0000FF" noshade>
```

水平线的样式由标签的属性值来确定。属性 size 用来设定线条粗细，以像素（px）为单位，默认 2px。width 用来设置水平线的长度，可以设置绝对值（以像素为单位）或相对值（相对于当前窗口的百分比）。color 用来设定线条的颜色，默认黑色。noshade 用来去掉水平线的阴影效果。

任务实例 2-3-2　HTML 格式元素案例

HTML 格式元素案例的主要操作步骤如下。

（1）打开 Notepad++ 编辑软件或记事本，输入如下 HTML 代码。

```
<html>
    <head>
        <title>格式标签案例</title>
    </head>
    <body text="#0000FF" bgcolor="#CCCCCC" >
        <p>这是第一个段落,默认的是左对齐。<br/>
            用 br 标签换到第二行。</p>
        <p align="center">这是第二个段落,设置居中。<br/>
            用 br 标签换到第二行。</p>
        <p align="right">这是第三个段落,设置右对齐。<br/>
            用 br 标签换到第二行。</p>
        <hr width="100%" size="0.5px" color="#FF00FF" noshade>
        <p align="right">sohu315制作</p>
    </body>
</html>
```

（2）将其保存为扩展名为 *.html 或 *.htm 的网页文档。

（3）用浏览器打开保存的 HTML 文档,显示效果如图 2-4 所示。

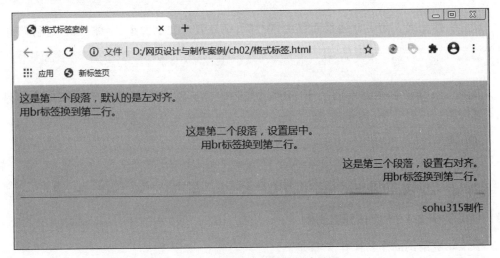

图 2-4　格式元素案例显示效果图

> **注意：**
> p 元素的行间距大于 br 元素的行间距，这是因为段落本身存在段前、段后距离，因此间距较大。

同步练习

请参照上述任务实例，制作以个人简历为主题的网页，从个人基本情况、个人能力和自我评价三方面进行介绍，并用水平分隔线隔开。

任务 2.3.3　字体元素

文字是网页中非常重要的元素，通过文字来说明网页的具体内容。常用的字体标签如表 2-4 所示。

表 2-4　常用的字体标签

标　　签	描　　述
<hn>	n 级标题标签，n 取值范围为 1~6
<font>	设置字体标签
<b>	设置加粗字体
<i>	设置倾斜字体
<strong>	格式化需要强调显示效果的字体，通常显示为斜体＋粗体
<u>	设置下划线
<sup>	设置文本为上标格式
<sub>	设置文本为下标格式

（1）标题类元素。标题标签<hn></hn>用来指定标题文字的大小。n 取值范围为 1~6；h1 表示一级标题，字号最大；h6 表示六级标题，字号最小。属性 align 用来设置标题在页面的对齐方式，默认左对齐。

```
<h2 align="center">二级标题文字</h2>
```

（2）字体元素。为了增强页面层次，在网页中需要对文字大小、字体、颜色进行修饰。

```
<font size="5" face="宋体" color="red">被设置的文字</font>
```

其中 size 属性设置文字的大小，取值范围 1~7，1 表示最小字号，7 表示最大字号；face 属性用来设置字体，如宋体、黑体等；color 属性设置文字颜色，如 red（红色）。

> **提示：**
> 随着网页技术的发展，网页中的文字样式主要通过 CSS 样式来进行设置（在后续单元介绍），已经不提倡使用字体元素设置字体格式。

任务实例 2-3-3　字体元素案例

字体元素案例的主要操作步骤如下。

(1) 打开 Notepad++ 编辑软件或记事本，输入如下 HTML 代码。

```html
<html>
  <head>
    <title>字体标签案例</title>
  </head>
  <body text="blue">
    <h1>一级标题<h1>
    <h2>二级标题<h2>
    <h3>三级标题<h3>
    <h4>四级标题<h4>
    <h5>五级标题<h5>
    <h6>六级标题<h6>
    <hr>
    <p><b>加粗字体文本</b></p>
    <p><i>倾斜字体文本</i></p>
    <p><u>下划线文本</u></p>
    <p><strong>强调显示效果文字</strong></p>
    <p><font size="+1" color="black" face="宋体">size取值+1,黑色,宋体</font></p>
    </p>
  </body>
</html>
```

(2) 将其保存为扩展名为 *.html 或 *.htm 的网页文档。

(3) 用浏览器打开保存的 HTML 文档，显示效果如图 2-5 所示。

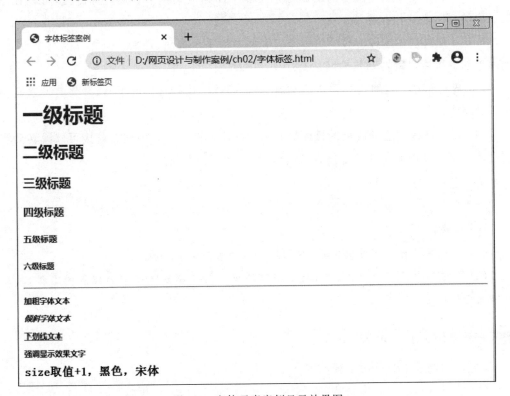

图 2-5　字体元素案例显示效果图

同步练习

请参照上述任务实例，完善个人简历，进行网页文字的修饰。

任务 2.3.4　超级链接元素

超级链接是 HTML 网页文档中重要的元素之一，它是一个网站的灵魂。通过 <a> 标签的 href 属性可完成超级链接的定义。超级链接元素的属性如表 2-5 所示。

表 2-5　超级链接元素的属性

属性	描　　述	举　　例
href	指定超级链接地址	<a href="http://www.baidu.com">百度</a>
name	设置锚点名称	<a name="top">锚点</a>
title	设置超级链接提示文字	<a title="百度">百度</a>
target	设置超级链接目标窗口打开方式。target 常用的值有 _blank（在新窗口打开）和 _self（在同一窗口打开，默认）	<a href="http://www.baidu.com" target="_blank">百度</a>

超级链接主要分为内部链接、外部链接、邮件链接和锚点链接，具体含义如下。

（1）内部链接。这种链接的目标是本站点中的其他文档。利用内部链接，可以在本站点内的页面之间相互跳转。

（2）外部链接。这种链接的目标是互联网中的某个页面，是本站点之外的某个页面。利用外部链接可以跳转到其他网站上。

（3）邮件链接。这种链接可以启动电子邮件程序，进行邮件的书写，并将其发送到指定的邮箱中。

（4）锚点链接。这种链接的目标是文档中的命名锚点。利用锚点链接可以跳转到当前文档或其他文档的某一指定位置，适合内容较多的长页面的信息定位。

提示：

超级链接的外观样式与颜色可以通过 CSS 进行定义，后续单元会进行介绍。

注意：

（1）href 属性如果为外部链接，在网址前必须含有 http://。

（2）在进行锚点链接时，属性 name 不可缺少。href 属性赋值若为锚点的名称，必须在锚点名称前加 # 符号，而且名称必须保持一致。

任务实例 2-3-4　a 元素案例

a 元素案例的主要操作步骤如下。

（1）打开 Notepad++ 编辑软件或记事本，输入如下 HTML 代码。

```html
<html>
  <head>
    <title>超级链接标签案例</title>
  </head>
  <body>
    <h2 align="center">超级链接案例</h2>
    <p><a href="http://www.baidu.com/" target="_blank">外部链接</a>
     说明：在新窗口上打开百度的网页，使用的是绝对路径</p>
    <p><a href="index.html">内部链接</a> 说明：指向本网站内部的一个页面，使用的是相对路径</p>
    <p><a href="mailto:sohu315@126.com">邮件链接</a> 说明：将打开默认的Outlook Express</p>
    <p><a href="#top">锚点链接</a> 说明：将指向本页面中的一个锚点链接</p>
    <p><a name="top" id="top"></a>说明：此处设置了一个锚点名称为top的锚点</p>
  </body>
</html>
```

（2）将其保存为扩展名为 *.html 或 *.htm 的网页文档。

（3）用浏览器打开保存的 HTML 文档，显示效果如图 2-6 所示。

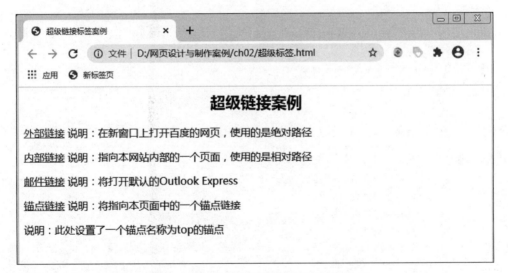

图 2-6　超级链接元素案例显示效果图

同步练习

请参照上述任务实例，完善个人简历，通过超级链接方式增加个人专业能力和获奖情况。

任务 2.3.5　列表元素

HTML 中常见的列表元素包括 ul 元素、ol 元素、dl 元素和 li 元素。这些元素结合 CSS 能够实现导航栏、新闻列表等页面效果，应用非常广泛。列表元素如表 2-6 所示。

表 2-6 列表元素

元素	描述
\<ul>...\</ul>	无序列表：所包含的列表项将以粗点格式显示，且没有特定的顺序，经常与\<li>标签一起制作导航，默认为纵向排列
\<ol>...\</ol>	有序列表：所包含的列表将以顺序数字方式显示，列表项自动从 1 开始对有序条目进行编号
\<dl>...\</dl>	自定义列表：一个项目列表及其注释的组合。自定义列表从\<dl>标签开始，每个自定义列表项以\<dt>标签开始，每个注释以\<dd>标签开始
\<li>...\</li>	列表项：不能单独使用，仅能作为列表条目包含在有序列表和无序列表中

🔊 提示：

在使用过程中，列表元素可以相互嵌套。

任务实例 2-3-5　列表元素案例

列表元素案例的主要操作步骤如下。

（1）打开 Notepad++编辑软件或记事本，输入如下 HTML 代码。

```html
<html>
  <head><title>列表标签案例</title></head>
  <body>
    <h3 align="center">列表标签</h3>
    <hr>
    <h4>ul 标签</h4>
    <ul>
      <li><a href="#">新闻</a></li> <!--表示空链接-->
      <li><a href="#">财经</a></li>
      <li><a href="#">军事</a></li>
      <li><a href="#">体育</a></li>
      <li><a href="#">购物</a></li>
      <li><a href="#">游戏</a></li>
    </ul>
    <hr>
    <h4>ol 标签</h4>
    <ul>
      <li>计算机网络技术
        <ol>
          <li>网络 1801/02</li>
          <li>网络 190/02/03</li>
          <li>网络 2001/02/03/04</li>
        </ol>
      </li>
      <li>云计算技术与应用
        <ol>
          <li>计算机 2101/02</li>
          <li>计算机 2001/02/03</li>
```

```
        </ol>
      </li>
    </ul>
    <hr>
    <h4>dl 标签</h4>
    <dl>
      <dt>无序列表</dt>
      <dd>无序列表是一个项目的列表,此列项目使用粗体圆点进行标记。</dd>
      <dt>有序列表</dt>
      <dd>有序列表也是一列项目,列表项目使用数字进行标记。</dd>
      <dt>自定义列表 </dt>
      <dd>自定义列表不仅仅是一列项目,而是项目及其注释的组合。</dd>
    </dl>
  </body>
</html>
```

(2) 将其保存为扩展名为 *.html 或 *.htm 的网页文档。

(3) 用浏览器打开保存的 HTML 文档,显示效果如图 2-7 所示。

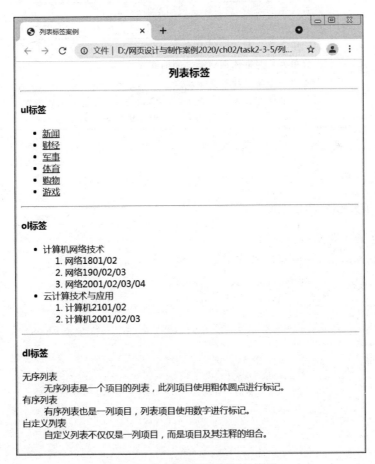

图 2-7 列表元素案例显示效果图

同步练习

请参照上述任务实例,运用三种元素介绍自己所学的专业课程。

任务 2.3.6 表格元素

表格是 HTML 文件中常用的页面元素,表格不但能够有序排列数据,而且能对页面进行合理的布局。表格元素的基本结构由<table>标签(表格)、<tr>标签(表格行)、<th>标签(标题单元格)、<td>标签(单元格)组成。表格常用的属性如表 2-7 所示。

表 2-7 表格常用的属性

属 性	描 述
border	设置表格边框的宽度,默认是没有边框的
bordercolor	设置表格边框的颜色
bgcolor	设置表格的背景色
background	设置表格背景图像
width	设置表格的宽度(绝对像素或浏览器的百分比)
height	设置表格的高度(绝对像素或浏览器的百分比)
summary	设置表格内容摘要,不会在浏览器中显示出来
cellspacing	设置单元格之间的间隔大小
cellpadding	设置单元格边框预期内部之间的间隔大小
scope	设置将数据单元格与表头标题单元格联系起来。指定属性值为 row 时,会将当前行的所有单元格与表头标题单元格绑定起来;指定属性值为 col 时,会将当前列的所有单元格与表头标题单元格绑定起来

📢 提示:

表格中的具体内容必须放在<td>与</td>之间。

任务实例 2-3-6 表格案例

表格案例的主要操作步骤如下。

(1)打开 Notepad++编辑软件或记事本,输入如下 HTML 代码。

```
<html>
    <head>
        <title>表格标签案例</title>
    </head>
    <body>
        <table align="center" width="500" border="1" bordercolor="#000000"
        cellspacing="0" cellpadding="10" summary="2020届就业率">
            <caption>计算机网络技术 2020 届就业率 </caption><!--用于定义表格的标题-->
            <tr>
                <th scope="col">序号</th>
                <th scope="col">班级</th>
                <th scope="col">人数</th>
```

```html
        <th scope="col">就业率</th>
      </tr>
      <tr>
        <th scope="row">1</th>
        <td>网络 1701</td>
        <td align="center">39</td>
        <td align="center">100%</td>
      </tr>
      <tr>
        <th scope="row">2</th>
        <td>网络 1702</td>
        <td align="center">38</td>
        <td align="center">100%</td>
      </tr>
    </table>
  </body>
</html>
```

(2) 将其保存为扩展名为 *.html 或 *.htm 的网页文档。

(3) 用浏览器打开保存的 HTML 文档，显示效果如图 2-8 所示。

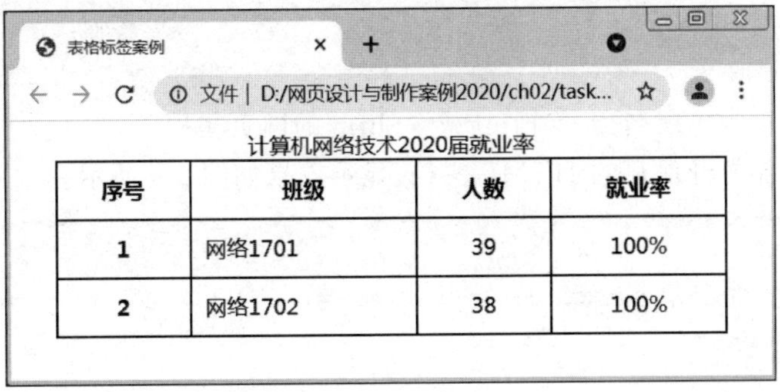

图 2-8　表格元素案例显示效果图

同步练习

请参照上述任务实例，制作表格形式的个人简历。

任务 2.3.7　图像元素

HTML 文件中可以嵌入图片、声音、视频等多媒体内容以丰富网页的表现力。插入图片的元素标签只有一个，就是 <img/> 标签。图像元素常用的属性如表 2-8 所示。

📢 提示：

(1) 图像标签必须包括 src 属性。

(2) img 是一个自关闭元素。

(3) 为了保证网页中图片的下载速度，图片不要太大，图片也不是越多越好。

表 2-8　图像元素常用的属性

属　性	描　述
src	指定图像文件的位置，可以是图像文件 URL，也可以是引用图像文件的绝对路径或相对路径
alt	当图像无法显示时的替代文本，或当鼠标移动过时提示文字
width	设置图像的宽度
height	设置图像的高度

任务实例 2-3-7　图像元素案例

图像元素案例的主要操作步骤如下。

（1）打开 Notepad++编辑软件或记事本，输入如下 HTML 代码。

```
<html>
  <head>
    <title>图像标签案例</title>
  </head>
  <body>
    <img src="images/hongbao.jpg" width="180" height="180" alt="发红包啦!!" />
    <p>派"红包"是华人新年的一种习俗，华人喜爱红色，因为红色象征活力、愉快与好运。</p>
  </body>
</html>
```

（2）将其保存为扩展名为＊.html 或＊.htm 的网页文档。
（3）用浏览器打开保存的 HTML 文档，显示效果如图 2-9 所示。

图 2-9　图像元素案例显示效果图

同步练习

请参照上述任务实例，在制作表格形式的个人简历的基础上，使用图像元素在合适的位置上嵌入自己照片。

任务 2.3.8 DIV 元素

DIV(division,划分)是常见的区块元素,它是从一个新行开始显示的,其后面的元素也需要另起一行进行显示,如段落、标题、列表、表格、DIV 和 body 元素都属于区块元素。

DIV 元素是使用最广泛的元素之一,在 DIV+CSS 的 Web 标准网页设计中可以取代表格布局网页。在 HTML 网页中,DIV 为网页中的大块内容提供了结构和背景。<div></div>标签是为 HTML 文档内大块内容提供结构的容器,在 div 中可以包含各种网页元素,如文字、图片、动画、表格、视频、表单等。例如:

```
<div align= "center">文字内容</div>
```

用户不仅能够通过定义元素属性来控制整块文本的位置,还可以使用 CSS 样式来控制 DIV,实现各种网页布局形式,为网页设计者提供内容与结构分离的网站架构。

任务 2.3.9 常见的表单元素

表单的主要功能是收集信息,具体来说就是收集浏览者的信息,实现交互功能,应用于调查、订购、搜索等方面。HTML 表单元素 form 能够收集输入的信息,然后将这些信息传送到它的 action 属性所指示的程序中进行处理。表单从<form>标签开始,到</form>标签结束。<form>表单的格式如下:

```
<form name="表单名称" action="URL" method="get|post" >
```

其中,name 属性值为表单名称;action 属性指示表单的处理方式,这个值可以是一个程序或脚本的完整 URL;method 属性用于规定使用 get 方法或者 post 方法发送表单数据,默认为 get 方法。get 方法传输速度比 post 方法快,但是数据长度不能太长,而且不安全;post 方法没有数据长度的限制,较为安全且常用。

表单元素包括<input>标签(输入类表单控件)、<select>标签(下拉列表框控件)、<textarea>标签(文本域控件)、<label>标签(表单名称控件)等。

(1) <input>标签。在 HTML 表单中,<input>是最常用的标签,其常用 type 属性如表 2-9 所示。

表 2-9 <input>标签的 type 属性

属性	描述
input type="text"	单行文本输入框
input type="password"	密码输入框,输入文字用 * 表示
input type="radio"	单选按钮
input type="checkbox"	复选框
input type="button"	普通按钮
input type="submit"	提交按钮,表示将表单内容提交服务器
input type="reset"	复位按钮,表示清空当前表单内容,重新填写
input type="hidden"	隐藏按钮,它不显示在页面上,但会将内容传递给服务器
input type="file"	文件域,一般让用户填写文件路径

（2）＜select＞标签。＜select＞下拉列表框控件主要用来选择给定答案中的一种，这类选择答案比较多，使用单选按钮比较浪费空间。可以说，下拉列表框控件主要是为了节省页面控件设置的，主要通过＜option＞标签来实现。其中＜option＞用来定义＜select＞标签中的每个选项。浏览器将＜option＞中的内容作为＜select＞标签的下拉式菜单。＜select＞标签属性如表 2-10 所示。

表 2-10 ＜select＞标签属性

属　性	描　述	属　性	描　述
name	菜单和列表名称	value	选项值
size	显示选项的数量	selected	默认选项
multiple	可以借助 Ctrl 键实现多选		

提示：

＜select＞标签中的 name 属性是必须存在的。

（3）＜textarea＞标签。＜textarea＞标签可以添加多行文字，一般应用于留言系统中。＜textarea＞标签属性如表 2-11 所示。

表 2-11 ＜textarea＞标签属性

属　性	描　述	属　性	描　述
name	文本域的名称	rows	设置行数
value	文本域的默认值	cols	设置列数

（4）＜lable＞标签。＜lable＞标签不会向用户呈现任何特殊效果。不过，它为鼠标用户改进了可用性，即当用户选择该标签时，浏览器就会自动将焦点转到标签相关的表单控件上。例如，当用户单击"用户名"时，光标就会自动定位到其右侧的文本框中，这是因为＜lable＞控件标签内的 for="username" 与 input 标签内的 id="username" 意义对应。

任务实例 2-3-8　表单案例

表单案例的主要操作步骤如下。

（1）打开 Notepad++编辑软件或记事本，输入如下 HTML 代码。

```html
<html>
  <head>
    <title>表单案例</title>
  </head>
  <body>
    <img src="images/zhuce.gif" />
    <form id="wf" method="post" action="/example/form_action.asp">
      <div>
        <label for="usename">用户名</label>
        <input type="text" name="usename2" id="usename2" size="20" maxlength="40"/>
      </div><br>
      <div>
        <label for="password">密   码</label>
        <input type ="password" name ="password" id=" password" size=" 20" maxlength="40"/>
```

```
        </div><br>
        <div>性   别
          <input type="radio" name="sex" value="M" id="male" />
          <label for="male">男</label>
          <input type="radio" name="sex" value="F" id="female" />
          <label for="female">女</label>
        </div><br>
        <div>
          <label for="email">邮   箱</label>
          <input type="text" name="usename" id="email" size="20" maxlength="40"/>
        </div><br>
        <div>学   历
          <select name="degree" id="degree">
            <option value="college">大专</option>
            <option value="undergraduate">本科</option>
            <option value="master">硕士研究生</option>
            <option value="Dr">博士研究生</option>
          </select>
        </div><br>
        <div>备   注
          <textarea name="note" cols="30" rows="5"></textarea>
        </div><br>
        <div align="center">
          <input type="submit" name="button_1" id="button_1" value="提交" />
        </div>
      </form>
    </body>
</html>
```

（2）将其保存为扩展名为 *.html 或 *.htm 的网页文档。

（3）用浏览器打开保存的 HTML 文档，显示效果如图 2-10 所示。

图 2-10　表单案例显示效果图

◁» 提示：

在 HTML 文档中，有些字符无法直接显示出来，如空格、小于号等。HTML 使用一些代码表示它们，常用的特殊代码如表 2-12 所示。

表 2-12　HTML 常用的特殊代码

显示结果	描述	字符代码	显示结果	描述	字符代码
	空格		￥	元	&yen;
<	小于号	&lt;	©	版权	&copy;
>	大于号	&gt;	®	注册商标	&reg;
&	和号	&amp;	×	乘号	&times;
"	引号	&quot;	÷	除号	&divide;

同步练习

请参照上述任务实例，完成网页制作，网页显示效果如图 2-11 所示。

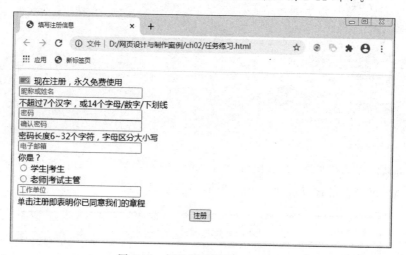

图 2-11　任务练习网页显示效果

◁» 提示：

placeholder 属性提供可描述输入字段预期值的提示信息，该提示会在输入字段为空时显示，并会在字段获得焦点时消失。例如，＜input type＝"text" placeholder＝"昵称或姓名" name＝"nickname" id＝"nickname" value＝"" maxLength＝14 size＝30＞。

任务 2.4　认识 XHTML

任务描述

对比认识 XHTML。

XHTML 是可扩展超文本标记语言的缩写。其表现方式与 HTML 类似。从语法上讲，XHTML 是一种增强了的 HTML，是一个要求更加严格、更加纯净的 HTML 版本。目前，国际上的网站设计推崇的 Web 标准就是基于 XHTML 的应用,即通常所说的 DIV+CSS。

由于 XHTML 的语法规则比 HTML 的语法规则要求更严格,所以在书写时必须注意。

(1) 在 XHTML 中,所有标签的属性都是小写的。

(2) 在 XHTML 中,所有标签都必须关闭。例如:

```
<p>第一个段落☺<!--没有使用</p>封闭标签-->
```

(3) 在 XHTML 中,所有的标签必须合理嵌套。

(4) 在 XHTML 中,所有标签的属性值必须使用英文格式的双引号括起来。

任务 2.5　HTML 综合运用

任务描述

灵活运用 HTML 的常见元素设计制作一个"避暑山庄简介"的网页,显示效果如图 2-12 所示。

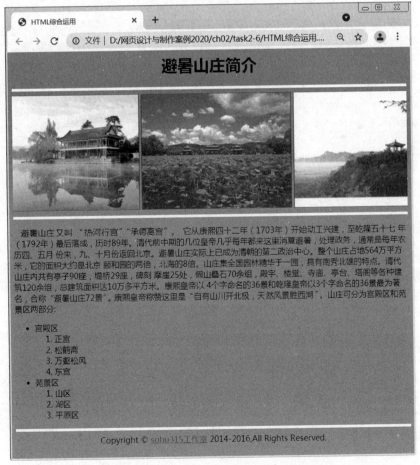

图 2-12　HTML 综合运用案例显示效果图

任务实施

该案例的主要操作步骤如下。

（1）打开 Notepad++编辑软件或记事本，输入如下 HTML 代码。

```html
<html>
  <head><title> HTML 综合运用 </title><head>
  <body bgcolor="#cc6600">
    <h1 align="center">避暑山庄简介</h1>
    <hr color="#ffffff" size="5" />
    <div align="center">
    <!--marquee 移动标签(创建一个滚动效果,应用与文字、图片等)-->
    < marquee direction =" left" loop ="-1" scrollamount =" 20" height =" 230" onMouseOver=this.stop() onMouseOut=this.start()>
        <a href="images/sz11.jpg"> <img src="images/sz11.jpg" border=1 /></a>
        <a href="images/sz22.jpg"> <img src="images/sz22.jpg" border=1 /></a>
        <a href="images/sz33.jpg"> <img src="images/sz33.jpg" border=1 /></a>
        <a href="images/sz44.jpg"> <img src="images/sz44.jpg" border=1 /></a>
    </marquee>
    <hr color="#ffffff" size="5" />
    </div>
    <div><p>  避暑山庄又叫"热河行宫""承德离宫"。它从康熙四十二年(1703年)开始动工兴建,至乾隆五十七年(1792年)最后落成,历时89年。清代前中期的几位皇帝几乎每年都来这里消夏避暑,处理政务,通常是每年农历四、五月来,九、十月份返回北京。避暑山庄实际上已成为清朝的第二政治中心。整个山庄占地564万平方米,它的面积大约是北京颐和园的两倍,北海的8倍。山庄集全国园林精华于一园,具有南秀北雄的特点。清代山庄内共有亭子90座,堤桥29座,碑刻摩崖25处,假山叠石70余组,殿宇、楼堂、寺庙、亭台、塔阁等各种建筑120余组,总建筑面积达10万多平方米。康熙皇帝以4个字命名的36景和乾隆皇帝以3个字命名的36景最为著名,合称"避暑山庄72景"。康熙皇帝称赞这里是"自有山川开北极,天然风景胜西湖"。山庄可分为宫殿区和苑景区两部分:</p>
    <ul>
        <li>宫殿区</li>
        <ol>
            <li>正宫</li>
            <li>松鹤斋</li>
            <li>万壑松风</li>
            <li>东宫</li>
        </ol>
        <li>苑景区</li>
        <ol>
            <li>山区</li>
            <li>湖区</li>
            <li>平原区</li>
        </ol>
    </ul>
    <hr color="#ffffff" width="100%" size="5" />
    </div>
```

```
    <div id="footer" align="center">Copyright &copy; <a href="mailto:sohu315@
126.com">sohu315工作室</a> 2014-2016,All Rights Reserved.</div>
  </body>
</html>
```

（2）将其保存为扩展名为 *.html 或 *.htm 的网页文档。
（3）用浏览器打开保存的 HTML 文档,显示效果如图 2-12 所示。

单元实践操作：使用 Notepad++ 制作网页

实践操作的目的

（1）灵活运用 HTML 的常见元素制作网页。
（2）掌握使用记事本编辑简单的网页文件的方法。

请参照 HTML 综合运用实例,设计制作一个以"家乡美"为主题的图文并茂的网页,操作要求及步骤如下。

（1）使用 Notepad++ 编写网页文档。
（2）应用常见的元素制作网页,并对标签属性进行设置,达到修饰网页的效果。
（3）插入特殊字符、水平线等元素。
（4）保存网页,并浏览网页效果,完成表 2-13。

表 2-13　实践任务评价表

任务名称	使用 Notepad++ 制作网页			
任务完成方式	独立完成（　　）		小组完成（　　）	
完成所用时间				
考核要点	任务考核 A(优秀)、B(良好)、C(合格)、D(较差)、E(很差)			
	自我评价(30%)	小组评价(30%)	教师评价(40%)	总评
使用记事本编辑工具				
正确使用标签及其属性				
色彩搭配是否合理				
网页完成整体效果				
存在的主要问题				

单元小结

本单元介绍 HTML 基础知识,以及使用记事本和 Notepad++ 编辑简单的网页文件。通过学习与实践,基本掌握 HTML 常用元素的应用。使用记事本编辑网页较为烦琐和枯燥,而使用 Notepad++ 等编辑工具,简单易用,有语法提示,编辑网页相对较为容易,便于学习和掌握,可以制作精美的网页。

单 元 习 题

一、单选题

1. HTML 指的是(　　)。
   A. 超文本标记语言　　　　　　　　B. 家庭工具标记语言
   C. 超链接和文本标记语言　　　　　D. 可扩展超文本标记语言
2. 为了标识一个 HTML 文件应该使用的基本标签是(　　)。
   A. <p> </p>　　　　　　　　　　B. <boby> </body>
   C. <html> </html>　　　　　　　D. <table> </table>
3. HTML 中表示表格的标签是(　　)。
   A. <table>　　B. <caption>　　C. <title>　　D. <form>
4. 在网页中,必须使用(　　)标记来完成超级链接。
   A. <a>...</a>　　　　　　　　　　B. <p>...</p>
   C. <link>...</link>　　　　　　　　D. <li>...</li>
5. 网页文件的常用扩展名有(　　)和(　　)。
   A. *.jpg　　　　B. *.htm　　　　C. *.html
   D. *.png　　　　E. *.flv
6. 要在文章首行插入两个空格,正确的操作方法是(　　)。
   A. 直接输入两个全角空格
   B. 直接输入四个半角空格
   C. 在代码视图中的段首文字前输入代码
   D. 按 Ctrl+Back 组合键
7. 以下创建 mail 链接的方法,正确的是(　　)。
   A. <a href="master@163.com">管理员</a>
   B. <a href="callto:master@163.com">管理员</a>
   C. <a href="mailto:master@163.com">管理员</a>
   D. <a href="Email:master@163.com">管理员</a>
8. 下列路径中属于绝对路径的是(　　)。
   A. http://www.sohu.com/index.html　　B. ../webpage\05.html
   C. 05.html　　　　　　　　　　　　　D. webpage/05.html
9. 要插入换行符</br>,需要使用的快捷键是(　　)。
   A. Shift+Enter　　　　　　　　　　B. Ctrl+Enter
   C. Enter　　　　　　　　　　　　　D. Shift+Ctrl+Enter

10. 下列标签中,属于单一标签的是(　　)。
    A. <HTML>　　　　　　　　B. <HR>
    C. <HEAD>　　　　　　　　D. <BODY>
11. " "代表的符号是(　　)。
    A. <　　　　B. >　　　　C. 空格　　　　D. "

二、简答题

1. 什么是HTML？请写出HTML网页文档的基本结构。
2. HTML中有哪些常用的特殊字符？如何在网页中插入这些特殊字符？

单元 3

认识 HTML5

案例宏观展示引入

　　HTML5 简称 H5，来源于 HTML 技术的第 5 版。目前，网络已成为人们生活工作中不可缺少的一部分，网页是提供信息的平台。制作网页可采用可视化编辑软件，无论采用哪一种网页编辑软件，最后都要将所设计的网页转换为 HTML 语言，当前最新版本是 HTML5。图 3-1(a)为网易网的主页，在 Chrome 浏览器中选择【查看源】菜单命令即可打

(a) 网易网主页

(b) 网页与HTML源代码

图 3-1　网页与 HTML

开网页源代码,如图 3-1(b)所示,不难发现网页源代码是用 HTML5 语言编写的。

本单元主要介绍 HTML5 新增的元素,使用 HBuilder(X)或 Notepad++编写简单的网页,让读者对 HTML5 代码有一个初步认识,能看懂基本的 HTML5 源代码。

学习任务

☑ 了解 HTML5 的特点。
☑ 了解 HTML5 与 HTML4 的区别。
☑ 掌握 HTML5 新增的元素。
☑ 掌握 HTML5 废弃的元素和属性。
☑ 能够使用 Notepad++、HBuilder(X)等工具编写简单网页。

任务 3.1 认识 HTML5

▶ **任务描述**

理解 HTML5 新增功能,了解 HTML5 的特点。

HTML 使用一套标记(标签)来描述网页中的文字、图片、声音、动画、视频、表格、链接等,是制作网页的基础语言。

HTML5 是目前 HTML 的标准版本,它取代了 1999 年所制定 HTML4.01 和 XHTML1.0 标准,简称 H5。该版本仍处于发展阶段,但大部分浏览器已经支持某些 HTML5 技术。广义而论,HTML5 实际指的是包括 HTML、CSS 和 JavaScript 在内的一套技术组合。HTML5 的设计目的是在移动设备上支持多媒体。它引进新的语法特征以支持这一点,如 video、audio 和 canvas 标记。

1. HTML5 新增功能

HTML5 新增功能如下。
(1)新增语义化标签,使文档结构明确。
(2)新的文档对象模型(DOM)。
(3)实现 2D 绘图的 Canvas 对象。
(4)可控媒体播放。
(5)离线存储。
(6)文档编辑。
(7)拖放。
(8)跨文档消息。
(9)浏览器历史管理。
(10)MIME 类型和协议管理。

2. HTML5 的语法特点

HTML5 的最大优势是语法结构非常简单，其语法特点如下。

（1）HTML5 编写简单。即使没有任何网页制作经验的使用者，也可以通过在文本上添加标记完成网页编辑。

（2）HTML 标记数目有限。在 W3C 所建议使用的 HTML5 规范中，所有控制标记都是固定的且数目是有限的。所谓固定是指控制标记的名称固定不变，且每个控制标记都已被定义过，其所提供的功能与相关属性的设置都是固定的。

（3）HTML 语法较弱。在 W3C 制定的 HTML5 规范中，对于 HTML5 在语法结构上的规格限制是较松散的，如<html>、<Html>或<HTML>在浏览器中具有同样的功能，是不区分大小写的。另外，也没有严格要求每个控制标记都要有相对应的结束控制标记。

HTML5 最基本的语法是＜标记符＞＜/标记符＞，标记符通常都是成对使用的，有一个开头标记和结束标记，如<div>…</div>，结束标记只比开头标记多了一个"/"。浏览器收到 HTML 文件后，就会解释文件中的标记符，然后把标记符所对应的功能表达出来。

任务 3.2　HTML5 与 HTML4 的区别

▶ 任务描述

掌握 HTML5 与 HTML4 的区别。

HTML5 是 HTML4 标准的新版本。越来越多的程序员开始用 HTML5 来构建网站。如果同时使用 HTML4 和 HTML5，会发现用 HTML5 从头构建，比从 HTML4 迁移到 HTML5 要方便很多。虽然 HTML5 没有完全颠覆 HTML4，它们还是有很多相似之处，但是它们也有一些关键的不同。HTML5 与 HTML4 的不同之处有三点。

1. 语法的简化

HTML 的 doctype、html、meta、script 等标签在 HTML5 中有大幅度的简化。例如，HTML5 的 doctype 的声明为＜!doctype html＞，HTML4 的 doctype 的声明如图 3-2 所示。

```
<!DOCTYPE HTML PUBLIC "-//W3C//DTD HTML 4.01//EN"
"http://www.w3.org/TR/html4/strict.dtd">
```

图 3-2　HTML4 的 doctype 的声明

2. 新增了＜canvas＞标签，可以绘制图形

＜canvas＞标签来代替 Flash，很多时候，如果在网页中放入很多的 Flash，是很不友好的，现在只要使用＜canvas＞标签就可以产生交互，并且可以实现很多 Flash 的功能。

3. 统一网页内嵌多媒体语法

以前，在网页中播放多媒体时，需使用 ActiveX 或 Plug-in 的方式来完成。有了 HTML5 后，可用＜video＞或＜audio＞标签播放视频和音频，无需再安装其他软件了。

4. 新增了语义标签

为了增加网页的可读性，HTML5 增加了＜header＞、＜footer＞、＜section＞、＜article＞、＜nav＞、＜hgroup＞、＜aside＞、＜figure＞语义标签。

5. HTML5 废除了一些旧标签

废除的大部分是网页美化方面的标签，如＜big＞、＜u＞、＜font＞、＜basefont＞、＜center＞、＜s＞、＜tt＞。HTML5 中不支持 frame 框架，只支持 iframe 框架。

6. 全新的表单设计

表单是网页设计者最常用的功能，HTML5 对表单做了很大的更改，不但新增了几项新的标签，对原来的＜form＞标签也增加了许多属性。

任务 3.3 认识 HTML5 新增的元素

> **任务描述**

（1）理解常见的 HTML 元素的语法格式及属性。
（2）熟练运用常见的 HTML 元素编写简单的网页。

HTML5 中新增了大量的元素，这些新增的元素和属性使 HTML5 的功能变得更加强大，使网页设计效果有了更多的实现可能。

任务 3.3.1 文档结构元素

在 HTML5 版本之前通常直接使用＜div＞元素进行网页整体布局，常见的布局包括页眉、导航栏、正文部分和页脚部分。为了区分文档结构中不同的 div 内容，一般会为其配上不同的 id 名称。

```
<body>
    <div id="header">这是网页的页眉部分</div>
    <div id="content">这是网页的正文部分</div>
    <div id="footer">这是网页的页脚部分</div>
</body>
```

每个 div 的 id 名称是自定义的，如果作者不提供明确含义的 id 名称，将会导致 div 含义不明确。例如，将上述代码中的＜div id="content"＞替换为＜div id="a"＞不影响网页的显示效果,但是查看网页代码时会较难理解其含义。

因此,HTML5 为了代码能够更好地语义化,新增了一系列专用的文档结构元素代替以前用<div>加上 id 名称的做法。HTML5 新增的文档结构元素如表 3-1 所示。

表 3-1 HTML5 新增的文档结构元素

元素名称	含义
<header>	页眉元素,用于定义整个网页文档或其中一节的标题
<nav>	导航元素,用于定义导航栏菜单
<section>	节元素,用于定义节段落
<article>	文章元素,用于定义正文内容。每个 article 都可以包含自己的页眉和页脚
<aside>	侧栏元素,用于定义网页正文两侧的侧栏内容
<footer>	页脚元素,用于定义整个网页文档或其中一节的页脚

1. 页眉元素 header

页眉元素 header 用于定义网页文档或节的页眉,其用法如下。
(1) 一种具有引导和导航作用的结构元素。
(2) 通常放置在整个页面或者页面内的一个内容区块的标题。
(3) 一个网页内并没有限制 header 标签的个数。
header 元素的代码结构如下。

```
<header>
    <h1>...</h1>
    <p>...</p>
</header>
```

任务实例 3-3-1 页眉元素 header 案例

该案例的主要操作步骤如下。
(1) 打开 HBuilder(X),输入如下代码。

```
<!doctype html>
<html>
    <head>
        <meta charset="utf-8">
        <title>header 元素的应用</title>
    </head>
    <body>
        <header>
            <h2>网页标题</h2>
            <p>文章正文</p>
        </header>
    </body>
</html>
```

（2）将其保存为网页文件。

（3）在浏览器中预览的效果如图 3-3 所示。

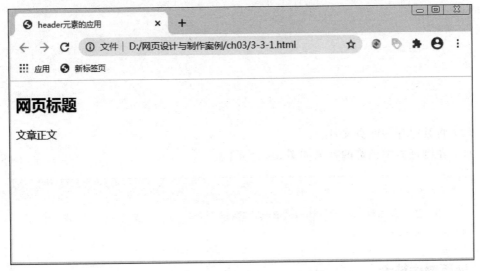

图 3-3　页眉元素 header 案例

2. 导航元素 nav

导航元素 nav 用于定义网页文档的导航菜单，可通过超级链接跳转到其他页面。其中 nav 是 navigation（导航）的简写。

导航元素 nav 的代码结构如下。

```
<nav>
    <a href="...">Home</a>
    <a href="...">Previous</a>
    <a href="...">Next</a>
</nav>
```

任务实例 3-3-2　导航元素 nav 案例

该案例的主要操作步骤如下。

（1）打开 HBuilder(X)，输入如下代码。

```
<!doctype html>
<html>
    <head>
    <meta charset="utf-8">
    <title>导航元素 nav 的应用</title>
    </head>
    <body>
    <h2>网页制作技术</h2>
```

```
        <nav>
          <ul>
            <li><a href="/">网站首页</a></li>
            <li><a href="/">HTML 教程</a></li>
            <li><a href="/">CSS 教程</a></li>
          </ul>
        </nav>
      </body>
</html>
```

（2）将其保存为网页文件。

（3）在浏览器中预览的效果如图 3-4 所示。

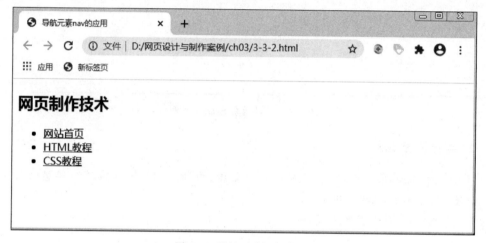

图 3-4　导航元素 nav 案例

3．节元素 section

节元素 section 用于定义文档或应用程序中的一个区段，如章节、页眉、页脚或文档中的其他部分。它可以与 h1、h2、h3、h4、h5、h6 等元素结合起来使用，显示文档结构。

section 元素的代码结构如下。

```
<section>
    <h1>...</h1>
    <p>...</p>
</section>
```

任务实例 3-3-3　节元素 section 案例

该案例的主要操作步骤如下。

（1）打开 HBuilder(X)，输入如下代码。

```
<!doctype html>
<html>
  <head>
    <meta charset="utf-8">
    <title>section 元素的应用</title>
  </head>
  <body>
    <section>
      <h3>section 元素的使用</h3>
      <p>section 用于定义独立的文章区域,里面可以包含一篇或多篇文章。</p>
    </section>
  </body>
</html>
```

(2)将其保存为网页文件。

(3)在浏览器中预览的效果如图 3-5 所示。

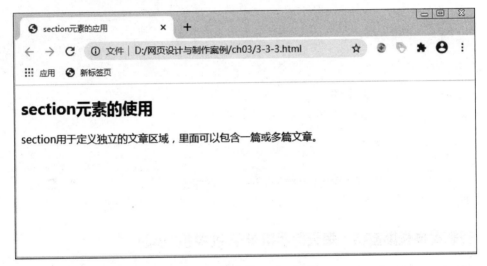

图 3-5　节元素 section 案例

4. 文章元素 article

文章元素 article 用于定义独立的文章区域,根据文章内容的长短可以包含一个或多个段落元素<p>。它可以是一篇博客或者报纸中的文章、一篇论坛帖子、一段用户评论或独立的插件,或其他任何独立的内容。

除了内容部分,一个 article 元素通常有它自己的标题(通常放在一个 header 元素中),有时还有自己的脚注。

任务实例 3-3-4　文章元素 article 案例

该案例的主要操作步骤如下。

(1)打开 HBuilder(X),输入如下代码。

```html
<!doctype html>
<html>
  <head>
      <meta charset="utf-8">
      <title>新闻</title>
  </head>
  <body>
   <article>
     <header>
          <h2>谷歌董事长斯密特：每天把手机计算杨关机 1 小时</h2>
          <time pubdate="pubdate">2019 年 05 月 21 日 09:04</time>
     </header>
     <p>新浪科技讯 北京时间 5 月 21 日早间消息,谷歌执行董事长埃里克斯密特周日在波士顿大学发表演讲时表示,大学生应当将目光从智能手机和计算机屏幕上移开。
     </p>
     <footer>
         <p>http://www.sina.com.cn</p>
     </footer>
   </article>
  </body>
</html>
```

(2) 将其保存为网页文件。

(3) 在浏览器中预览的效果如图 3-6 所示。

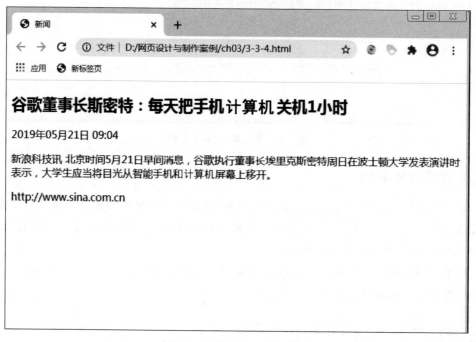

图 3-6　文章元素 article 案例

5. 侧栏元素 aside

aside 元素用来表示当前页面或文章的附属信息部分,它可以包含与当前页面或主要内容相关的引用、侧边栏、广告、导航条。

任务实例 3-3-5　侧栏元素 aside 案例

该案例的主要操作步骤如下。

(1) 打开 HBuilder(X),输入如下代码。

```html
<!doctype html>
<html>
    <head>
        <meta charset="utf-8">
        <title>aside 元素的应用</title>
    </head>
    <body>
        <header>
            <h1>HTML5</h1>
        </header>
        <article>
            <h1>HTML5 历史</h1>
            <p>HTML5 是构建 Web 内容的一种语言描述方式。</p>
            <aside>
                <h1>名词解释</h1>
                <dl>
                    <dt>超文本标记语言</dt>
                    <dd>超文本标记语言是一种用来制作超文本文档的简单标记语言。</dd>
                </dl>
            </aside>
        </article>
    </body>
</html>
```

(2) 将其保存为网页文件。

(3) 在浏览器中预览的效果如图 3-7 所示。

6. 页脚元素 footer

页脚元素 footer 用来定义整个网页文档或节的页脚,通常包含文档的作者、版权、联系方式等信息。

使用 footer 元素设置文档页脚的代码如下。

```html
<footer>...</footer>
```

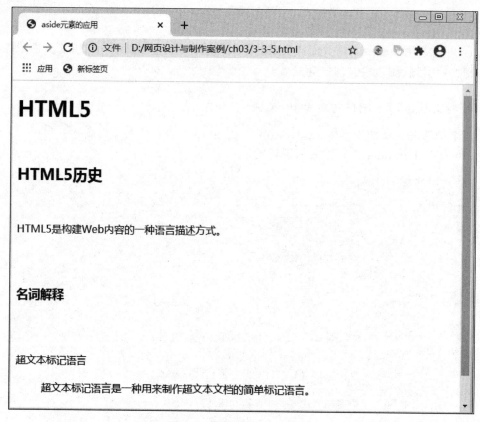

图 3-7 侧栏元素 aside 案例

任务实例 3-3-6　页脚元素 footer 案例

该案例的主要操作步骤如下。

(1) 打开 HBuilder(X)，输入如下代码。

```
<!doctype html>
<html>
  <head>
    <meta charset="utf-8">
    <title>页脚元素 footer 的应用</title>
  </head>
  <body>
    <footer>
       <p>PHP中文网：独家原创,永久免费的在线 PHP 视频教程!</p>
       <p>Copyright 2014-2017 http://www.php.cn/</p>
    </footer>
  </body>
</html>
```

(2)将其保存为网页文件。

(3)在浏览器中预览的效果如图 3-8 所示。

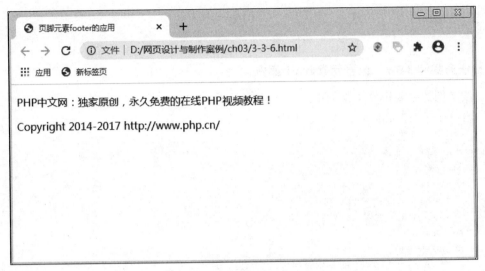

图 3-8　页脚元素 footer 案例

同步练习

请利用文档结构元素,练习制作如图 3-9 所示的网页。

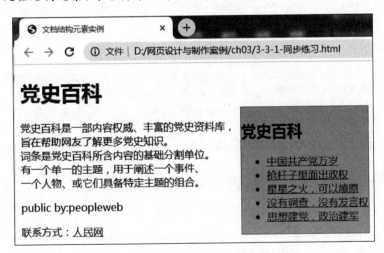

图 3-9　文档结构元素同步练习案例

任务 3.3.2　文本格式化元素

1. 记号元素 mark

记号元素 mark 用于突出显示指定区域的文本内容,通常在指定的文本前后分别加上＜mark＞和＜/mark＞标签标记,可以为文字添加黄色底纹。mark 元素的典型应用是在搜索结果中向用户高亮显示搜索关键字。

记号元素 mark 的代码结构如下。

```
<p>...<mark>...</mark>...</p>
```

任务实例 3-3-7　记号元素 mark 案例

该案例的主要操作步骤如下。

（1）打开 HBuilder(X)，输入如下代码。

```
<!doctype html>
<html>
  <head>
    <meta charset="utf-8">
    <title>记号元素 mark 的简单应用</title>
  </head>
  <body>
    <h2>记号元素 mark 的简单应用</h2>
    <hr/>
    <p>mark 元素是在数据展示时，<mark>以高亮形式显示某些字符</mark>，与原作者本意无关。</p>
  </body>
</html>
```

（2）将其保存为网页文件。

（3）在浏览器中预览的效果如图 3-10 所示。

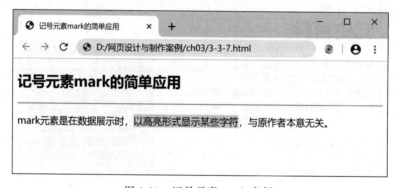

图 3-10　记号元素 mark 案例

2. 进度元素 progress

进度元素 progress 用于显示任务的进度状态，可配合 JavaScript 使用以显示任务进度的动态效果。

该标签可以加上属性 value 和 max 分别用于定义任务进度当前值和最大值。例如，表示任务进度已经进行了 50% 的代码如下。

```
<progress value="50" max="100"></progress>
```

任务实例 3-3-8　进度元素 progress 案例

该实例的主要操作步骤如下。

(1) 打开 HBuilder(X)，输入如下代码。

```
<!doctype html>
<html>
  <head>
    <meta charset="utf-8">
    <title>进度元素 progress 案例</title>
  </head>
  <body>
    <h2>进度元素 progress 的简单应用</h2>
    <hr />
    文件正在下载中：
    <progress value="50" max="100"></progress>
  </body>
</html>
```

(2) 将其保存为网页文件。

(3) 在浏览器中预览的效果如图 3-11 所示。

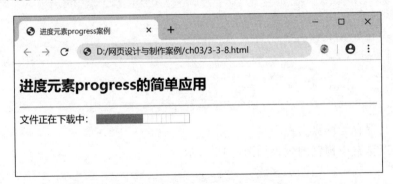

图 3-11　进度元素 progress 案例

3. 度量元素 meter

度量元素 meter 用于显示标量测量结果，通常用于显示磁盘使用量、投票数据统计等。度量元素 meter 有一系列属性用于辅助显示效果，这些属性的相关说明如表 3-2 所示。

表 3-2　度量元素 meter 常用属性一览表

属性名称	描　　述
value	规定度量的当前值，必需参数
form	规定 meter 标签元素所属的一个或多个表单

续表

属性名称	描述
high	规定被视作高的值的范围
low	规定被视作低的值的范围
max	规定范围的最大值
min	规定范围的最小值
optimum	定度量的优化值

任务实例 3-3-9　度量元素 meter 案例

该案例的主要操作步骤如下。

（1）打开 HBuilder(X)，输入如下代码。

```html
<!doctype html>
<html>
  <head>
    <meta charset="utf-8">
    <title>度量元素 meter 的应用</title>
  </head>
  <body style="background-color: bisque;">
    <h2>度量元素 meter 的应用</h2>
    十分之七：<meter value="7" min="0" max="10">十分之七</meter>
    <br /><br />
    80%：<meter value="0.8">80%</meter>
    <h4>IE 浏览器目前不支持 meter 标签</h4>
  </body>
</html>
```

（2）将其保存为网页文件。

（3）在浏览器中预览的效果如图 3-12 所示。

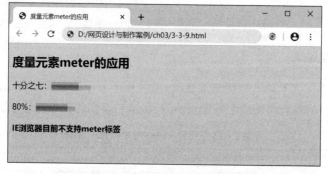

图 3-12　度量元素 meter 案例

同步练习

请利用文本格式化元素,练习制作如图 3-13 所示的网页。

图 3-13 文本格式化同步练习案例

任务 3.3.3 新增表单元素

本节将介绍 HTML5 中新增的两个表单元素：<datalist>和<output>。

1. 数据列表元素 datalist

数据列表元素 datalist 规定了 input 元素可能的选项列表,datalist 标签被用来为 input 元素提供"自动完成"的特性。用户能看到一个下拉列表,其中的选项是预先定义好的,将作为用户的输入数据。

datalist 元素和列表元素 select 的用法类似,也需要在其首尾标签内部使用一个或多个选项标签<option>。其基本格式如下。

```
<datalist>
    <option value="值 1">选项一</option>
    <option value="值 2">选项二</option>
    <option value="值 3">选项三</option>
</datalist>
```

其中<option>标签的 value 值可选。

(1) 如果设置了 value 值,则该属性值会随着用户的选择自动显示在文本输入框中。
(2) 如果没有设置了 value 值,则会显示<option>首尾标签之间的文本内容。

<datalist>无法单独使用,需要与文本输入框配合使用。在需要显示列表选项的文本框中添加 list 属性并令其属性值为 datalist 元素的 id 名称。

任务实例 3-3-10 数据列表元素 datalist 案例

该案例的主要操作步骤如下。
(1) 打开 HBuilder(X),输入如下代码。

```
<!doctype html>
<html>
  <head>
    <meta charset="utf-8">
```

```html
        <title>数据列表元素datalist的应用</title>
    </head>
    <body>
    <input type="text" list="car" /> <!--普通输入框,通过list属性绑定数据列表-->
        <datalist id="car"> <!--数据列表标签-->
            <option>宝马</option> <!--不写value属性-->
            <option>奥迪</option>
            <option>奔驰</option>
            <option>宝骏</option>
            <option>别克</option>
            <option>奥拓</option>
        </datalist>
    </body>
</html>
```

（2）将其保存为网页文件。

（3）在浏览器中预览的效果如图 3-14 所示。

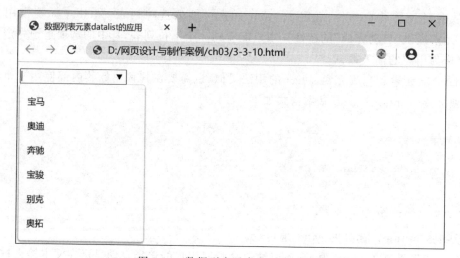

图 3-14　数据列表元素 datalist 案例

2. 输出元素 output

输出元素 output 的作用是定义不同类型的输出结果。在 HTML5 中该标签具有三种属性，如表 3-3 所示。

表 3-3　输出元素 output 属性一览表

属性名称	值	描述
for	元素的 id 名称	定义输出域相关的一个或多个元素
form	表单的 id 名称	定义输出标签所属的一个或多个表单
name	自定义名称	定义输出标签的名称（表单提交时使用）

输出元素 output 的基本格式如下。

```
<output name="自定义名称" for="相关元素 id 名称">文本内容</output>
```

其中,for 属性为关联的一个或多个元素的 id 名称,如果时多个名称,中间用空格隔开即可。例如:

```
<input type="range" name="range1" id="range1" min="0" max="100" step="1" value="0">
<output name="output1" for="range1">0</output>
```

任务实例 3-3-11　输出元素 output 案例

该案例的主要操作步骤如下。

(1) 打开 HBuilder(X),输入如下代码。

```
<!doctype html>
<html>
  <head>
    <meta charset="utf-8">
    <title>输出元素 output 的应用</title>
    <style>
    form{ width:280px;
          margin:20px;}
    </style>
  </head>
  <body>
    <h2>输出元素 output 的应用</h2>
    <hr/>
    <form method="post" action="URL" oninput="output1.innerHTML=range1.value">
      <fieldset>
        <legend>输出元素 output 的应用</legend>
        音量大小:
        <input type="range" name="range1" id="range1" min="0" max="100" step="1" value="0">
        <output name="output1" for="range1">0</output>
      </fieldset>
    </form>
  </body>
</html>
```

在表单元素＜form＞中添加 oninput="output1.innerHTML=range1.value",表示监听用户操作输入域的动作,并且发生变化时将＜output＞首尾标签之间的内容更新为＜input＞标签的 value 属性值。

图 3-15 为移动滑动条的刻度带来的数值变化,由图可见,表单的 oninput 事件捕捉到了用户的动作,并更新了与之关联的＜output＞元素首尾标签之间的内容,使其与滚动条

刻度的数值同步显示。

（2）将其保存为网页文件。

（3）在浏览器中预览的效果如图 3-15 所示。

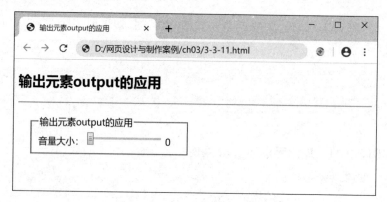

图 3-15　输出元素 output 案例

同步练习

请利用数据列表元素，练习列出计算机系的所有专业。

任务 3.3.4　多媒体元素

HTML5 中的媒体 API 包括音频和视频的使用。使用该技术可以在页面上直接播放当前浏览器所支持的音频或视频格式，无须使用 Flash 等第三方插件，并且可以通过 JavaScript 代码控制媒体文件的暂停/播放和跳转等功能。

HTML5 媒体支持的音频/视频文件的格式主要有 MP3、MPEG-4、Wav、Ogg 和 WebM。

1. 音频元素 audio

HTML5 音频元素 audio 的基本语法结构如下。

```
<audio src="音频文件的 URL" controls></audio>
```

其中，src 属性可以是音频文件的 URL 地址或本地文件路径；controls 属性用于添加音乐播放器的播放/暂停按钮以及声音大小调节的控件，标准写法为 controls="controls"。

HTML5 音频元素 audio 有一系列属性用于对音频文件的播放进行设置，如表 3-4 所示。

表 3-4　音频元素 audio 常用属性一览表

属性名称	值	描述
autoplay	autoplay	当音频准备就绪后自动播放
controls	controls	显示播放、暂停按钮和声音调节控件

续表

属性名称	值	描述
loop	loop	当音频结束后自动重新播放
muted	muted	静音状态
preload	preload	音频预加载，并准备播放。该属性不和 autoplay 同时使用
src	url	播放音频的 URL 地址

任务实例 3-3-12　音频元素 audio 案例

该案例的主要操作步骤如下。

（1）打开 HBuilder(X)，使用音频元素 audio 播放本地 music 文件夹中的一首 MP3 格式歌曲，输入如下代码。

```
<!doctype html>
<html>
  <head>
    <meta charset="utf-8">
    <title>音频元素 audio 的应用</title>
  </head>
  <body>
    <h2>音频元素 audio 的应用</h2>
    <hr />
    <audio src="music/如果我不是我.mp3" controls></audio>
  </body>
</html>
```

（2）将其保存为网页文件。
（3）在浏览器中的显示效果如图 3-16 所示。

图 3-16　音频元素 audio 案例

2. 视频元素 video

HTML5 视频元素 video 的基本语法结构如下。

```
<video src="视频文件的URL" controls></video>
```

其中,src 属性可以是视频文件的 URL 地址或本地文件路径；controls 属性用于添加音乐播放器的播放/暂停按钮以及声音大小调节的控件,标准写法为 controls="controls"。

HTML5 视频元素 video 有一系列属性用于对视频文件的播放进行设置,如表 3-5 所示。

表 3-5 视频元素 video 常用属性一览表

属性名称	值	描述
autoplay	autoplay	当视频准备就绪后自动播放
controls	controls	显示播放、暂停按钮和声音调节控件
loop	loop	当音频结束后自动重新播放
preload	preload	音频预加载,并准备播放。该属性不和 autoplay 同时使用
src	url	播放音频的 URL 地址
width	（像素值）	设置视频播放器的宽度
height	（像素值）	设置视频播放器的高度

任务实例 3-3-13 视频元素 video 案例

该案例的主要操作步骤如下。

(1) 打开 HBuilder(X),使用视频元素 video 播放本地 video 文件夹中的 MP4 格式视频,输入如下代码。

```
<!doctype html>
<html>
  <head>
    <meta charset="utf-8">
    <title>视频元素 video 的应用</title>
  </head>
  <body>
    <h2>视频元素 video 的应用</h2>
    <hr/>
    <video src="video/环保小视频.mp4" controls></video>
  </body>
</html>
```

(2) 将其保存为网页文件。
(3) 在浏览器中的显示效果如图 3-17 所示。

同步练习

请使用视频元素 video 播放 MP4 视频"自由飞翔.mp4"。

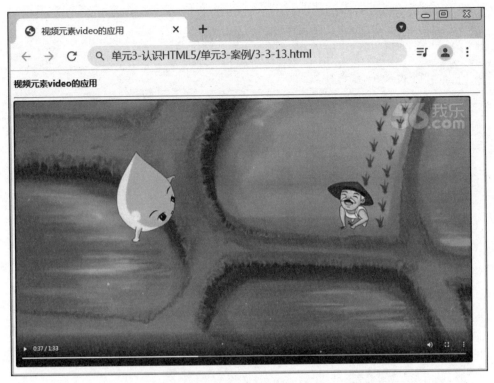

图 3-17 视频元素 video 案例

任务 3.3.5　HTML5 保留的全局属性

在 HTML5 中新增了许多全局属性,下面详细介绍常用的新增属性。

1. contentEditable 属性

contentEditable 属性的主要功能是是否允许用户编辑内容。

contentEditable 属性有三个属性值。

(1) true:表示该元素可以编辑。

(2) false:表示该元素不可编辑。

(3) inherit(默认):表示该元素继承其父元素的状态,即如果元素的父元素是可编辑的,则该元素就是可编辑的。

任务实例 3-3-14　contentEditable 属性案例

该案例的主要操作步骤如下。

(1) 打开 HBuilder(X),输入如下代码。

```
<!doctype html>
<html>
  <head>
```

```
            <meta charset="utf-8">
            <title>contentEditable 属性的应用</title>
        </head>
        <body>
            <h2>以下内容是可编辑的</h2>
            <ul contenteditable="true">
                <li>可编辑内容 1</li>
                <li>可编辑内容 1</li>
                <li>可编辑内容 1</li>
            </ul>
        </body>
</html>
```

（2）将其保存为网页文件。

（3）在浏览器中预览的效果如图 3-18 所示。

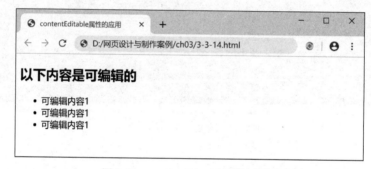

图 3-18　contentEditable 属性案例

提示：

对内容进行编辑后，如果关闭网页，编辑的内容将不会被保存。如果想要保存其内容，只能把该元素的 innerHTML 发送到服务器端进行保存。

2. spellcheck 属性

spellcheck 属性的功能表示是否对元素内容进行拼写检查。可对以下文本进行拼写检查：类型为 text 的 input 元素的值（非密码）、textarea 元素中的值、可编辑元素中的值。

任务实例 3-3-15　spellcheck 属性案例

该案例的主要操作步骤如下。

（1）打开 HBuilder(X)，输入如下代码。

```
<!doctype html>
<html>
    <head>
        <meta charset="utf-8">
        <title>spellcheck 属性的应用</title>
```

```
    </head>
    <body>
        <p>类型为 text 的 input 元素的拼写检查</p>
        <input type="text" spellcheck="true">
        <p>textarea 元素的拼写检查</p>
        <textarea cols="30" rows="3" spellcheck="true"></textarea>
    </body>
</html>
```

（2）将其保存为网页文件。

（3）在浏览器中预览的效果如图 3-19 所示。

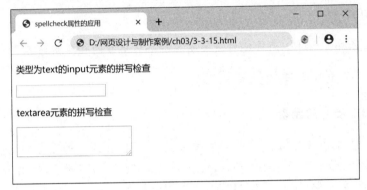

图 3-19　spellcheck 属性案例

3. hidden 属性

HTML5 的所有元素都有 hidden 属性，其属性值为 true 时显示内容，其属性值为 false 时隐藏内容。CSS 中的 display 属性也可以设置与 hidden 属性一样的效果，hidden="true"相当于 display:none。

任务实例 3-3-16　hidden 属性案例

将案例的主要操作步骤如下。

（1）打开 HBuilder(X)，输入如下代码。

```
<!doctype html>
<html>
    <head>
        <meta charset="utf-8">
        <title>hidden 属性的应用</title>
    </head>
    <body>
        <p hidden="true">这是一个隐藏的段落内容。</p>
        <p>这是一个可见的段落内容。</p>
    </body>
</html>
```

(2)将其保存为网页文件。

(3)在浏览器中预览的效果如图3-20所示。

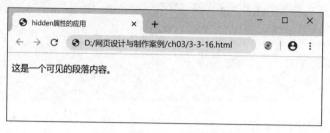

图3-20　hidden属性案例

同步练习

请利用contenteditable的可编辑属性制作一个可编辑的学生成绩表。

任务3.3.6　HTML5废弃的元素和属性

1. HTML5废弃的元素

由于各种原因,在HTML5中废弃了很多元素,下面介绍几种废弃的元素。

(1)表现性元素。对于basefont、big、font、s、strike、tt、u这些元素,由于它们的功能都是存粹为画面展示服务的,而在HTML5中提倡把画面展示性功能放在css样式表中统一编辑,所以这些元素被废弃。

(2)框架类元素。因为框架有很多可用性及可访问性问题,所以,HTML5规范废弃frame、frameset和noframes框架元素,只支持iframe框架,或者用服务器方创建的由多个页面组成的复合页面的形式。

(3)只有部分浏览器支持的元素。因为只有部分浏览器支持的元素有applet、bgsound、blink和marquee,所以在HTML5中被废弃。其中,元素applet可以由元素embed替代,元素bgsound可以由元素audio替代,元素marquee可以由JavaScript编程的方式替代。

2. HTML5废弃的属性

在HTML5中废弃了很多不需要再使用的属性,这些属性将采用其他属性或其他方案进行替代,具体内容如表3-6所示。

表3-6　HTML5废弃的属性

废除的属性	使用该属性的元素	在HTML5中替代的方案
rev	link、a	rel
charset	link、a	在被链接的资源的中使用HTTP Content-type头元素
shape、coords	a	使用area元素代替a元素

续表

废除的属性	使用该属性的元素	在 HTML5 中替代的方案
longdesc	img、iframe	使用 a 元素链接较长描述
target	link	多余属性,被省略
nohref	area	多余属性,被省略
profile	head	多余属性,被省略
version	html	多余属性,被省略
name	img	id
scheme	meta	只为某个表单域使用 scheme
archive、chlassid、codebose、codetype、declare、standby	object	使用 data 与 typc 属性类调用插件。需要使用这些属性来设置参数时,使用 param 属性
valuetype、type	param	使用 name 与 value 属性,不声明值的 MIME 类型
axis、abbr	td、th	使用以明确简洁的文字开头、后跟详述文字的形式。可以对更详细内容使用 title 属性,来使单元格的内容变得简短
scope	td	在被链接的资源的中使用 HTTP Content-type 头元素
align	caption、input、legend、div、h1、h2、h3、h4、h5、h6、p	使用 CSS 样式表替代
alink、link、text、vlink、background、bgcolor	body	使用 CSS 样式表替代
align、bgcolor、border、cellpadding、cellspacing、frame、rules、width	table	使用 CSS 样式表替代
align、char、charoff、height、nowrap、valign	tbody、thead、tfoot	使用 CSS 样式表替代
align、bgcolor、char、charoff、height、nowrap、valign、width	td、th	使用 CSS 样式表替代
align、bgcolor、char、charoff、valign	tr	使用 CSS 样式表替代
align、char、charoff、valign、width	col、colgroup	使用 CSS 样式表替代
align、border、hspace、vspace	object	使用 CSS 样式表替代
clear	br	使用 CSS 样式表替代
compace、type	ol、ul、li	使用 CSS 样式表替代
compace	dl	使用 CSS 样式表替代
compace	menu	使用 CSS 样式表替代
width	pre	使用 CSS 样式表替代
align、hspace、vspace	img	使用 CSS 样式表替代
align、noshade、size、width	hr	使用 CSS 样式表替代
align、frameborder、scrolling、marginheight、marginwidth	iframe	使用 CSS 样式表替代
autosubmit	menu	

任务 3.4　HTML5 综合应用

➡ 任务描述

综合运用所学知识，设计制作一个符合 W3C 标准的 HTML5 简单网页，网页预览效果如图 3-21 所示。

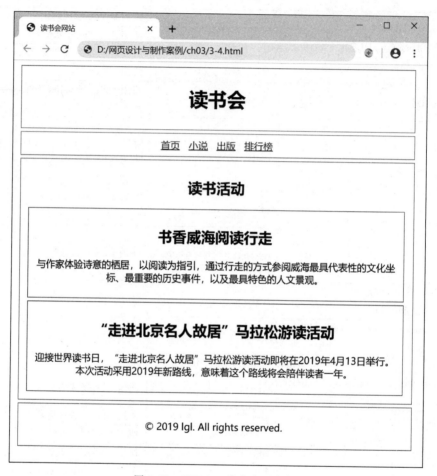

图 3-21　HTML5 综合应用案例

✏ 任务实施

该案例的主要操作步骤如下。

（1）打开 HBuilder(X)，输入如下代码。

```
<!doctype html>
<html>
    <head>
```

```html
        <meta charset="utf-8">
        <title>读书会网站</title>
        <style>
        header,nav,section,article,footer
            {border: 1px solid red; margin: 5px; padding: 8px; text-align: center; width:650px;}
            article{width:620px;}
            nav ul {margin:0; padding:0;}
            nav ul li {display:inline; margin:5px;}
        </style>
    </head>
    <body>
        <header>
            <h1>读书会</h1>
        </header>
        <nav>
            <ul>
                <li><a href="#">首页</a></li>
                <li><a href="#">小说</a></li>
                <li><a href="#">出版</a></li>
                <li><a href="#">排行榜</a></li>
            </ul>
        </nav>
        <section>
            <h1>读书活动</h1>
            <article>
                <h2>书香威海阅读行走</h2>
                <p>与作家体验诗意的栖居,以阅读为指引,通过行走的方式参阅威海最具代表性的文化坐标、最重要的历史事件,以及最具特色的人文景观。</p>
            </article>
            <article>
                <h2>"走进北京名人故居"马拉松游读活动</h2>
                <p>迎接世界读书日,"走进北京名人故居"马拉松游读活动即将在2019年4月13日举行。本次活动采用2019年新路线,意味着这个路线将会陪伴读者一年。</p>
            </article>
        </section>
        <footer>
            <p>©2019 lgl. All rights reserved.</p>
        </footer>
    </body>
</html>
```

(2) 将其保存为网页文件。
(3) 在浏览器中预览的效果如图 3-21 所示。

单元实践操作：使用 HBuilder(X) 制作网页

实践操作的目的

（1）灵活运用 HTML5 的常见元素和属性制作网页。

（2）掌握使用 HBuilder(X) 编辑简单的网页文件的方法。

请参照 HTML5 综合运用实例，设计制作一个以"学校新闻"为主题的图文并茂的网页，操作要求及步骤如下。

（1）使用 HBuilder(X) 编写网页文档。

（2）应用常见的 HTML5 元素制作网页，并对标签属性进行设置，达到修饰网页的效果。

（3）插入超级链接等元素。

（4）保存网页，并浏览网页效果，完成表 3-7。

表 3-7 实践任务评价表

任 务 名 称	使用 HBuilder(X) 制作网页			
任务完成方式	独立完成（　　）		小组完成（　　）	
完成所用时间				
考核要点	任务考核 A(优秀)、B(良好)、C(合格)、D(较差)、E(很差)			
	自我评价(30%)	小组评价(30%)	教师评价(40%)	总评
使用 HBuilderX 编辑工具				
使用 CSS 美化网页				
色彩搭配是否合理				
网页完成整体效果				
存在的主要问题				

单 元 小 结

本单元从总体上介绍了 HTML5 对 HTML4 的修改，同时讲解了 HTML5 新增的元素及应用，并以实例方式进行详细讲解。通过认真学习与实践，使读者能很好地掌握 HTML5 新增的元素。同时，也介绍了 HTML5 中的全局属性和 HTML5 中废弃的元素，避免读者在开发中因应用废弃的元素而延长开发时间。

单元习题

一、单选题

1. 关于HTML5中设置编码格式,下面说法正确的是(　　)。
   A. <meta http-equiv="Content-Type" content="text/html; charset=utf-8" />
   B. <meta charset="utf-8" />
   C. <meta charsef="utf-8" http-equiv="Content-Type" content="text/html; charsef=utf-8" />
   D. 以上都错误
2. 以下是HTML5新增的标签是(　　)。
   A. <aside>　　　　B. <isindex>　　　　C. <samp>　　　　D. <s>
3. HTML5不支持的视频格式是(　　)。
   A. ogg　　　　B. mp4　　　　C. flv　　　　D. WebM
4. 以下不是HTML5的新增标签的是(　　)。
   A. <bdi>　　　　B. <xmp>　　　　C. <command>　　　　D. <dialog>
5. 用于播放HTML5音频文件的正确HTML5元素是(　　)。
   A. <mp3>　　　　B. <audio>　　　　C. <sound>
6. 新的HTML5全局属性,contentEditable用于(　　)。
   A. 规定元素的上下文菜单,该菜单会在用户右击元素时出现
   B. 规定元素内容是否是可编辑的
   C. 从服务器升级内容
   D. 返回内容在字符串中首次出现的位置
7. 以下HTML5元素用于显示已知范围内的标量测量的是(　　)。
   A. <gauge>　　　　B. <range>　　　　C. <measure>　　　　D. <meter>

二、简答题

1. 在HTML5中,新多媒体元素都有哪些?它们各代表什么含义?
2. HTML5新增的文档结构元素有哪些?

单元 4

认识 CSS

案例宏观展示引入

层叠样式表(cascading style sheets,CSS)又称级联样式表,是用于控制或增强网页的外观样式,并且可以与网页内容相分离的一种标签性语言。使用 CSS 样式,可以将网页内容与网页样式分离,使网页更小、下载速度更快,还可以更加方便地更新和维护网页。CSS 负责页面的样式,能够使网页的设计更加规范、美观和方便,所以,CSS 在网页设计中的应用非常广泛。

在 HBuilder(X)中打开两个页面:一个页面使用 HTML 格式化;另一个页面使用 CSS 格式化,产生了同样的页面效果,如图 4-1 所示。

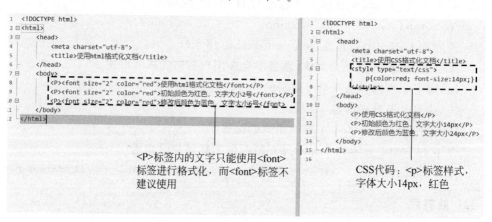

图 4-1 使用 HTML 和 CSS 格式化同样效果的网页

在比较基于 HTML 的格式化和基于 CSS 的格式化网页时,很容易看到 CSS 在工作量和时间上产生的巨大效益,也容易理解 W3C 为何摒弃 HTML 格式化而使用 CSS 控制网页样式。

学习任务

☑ 了解 CSS 的基本概念和作用。
☑ 了解 CSS 的基本语法规则。
☑ 掌握 CSS 常用选择器的使用。

☑ 掌握CSS属性的应用。
☑ 掌握CSS的定位方法。
☑ 能够灵活运用CSS格式化网页。

任务4.1 CSS概述

▶ 任务描述

(1) 理解CSS的概念及特点。
(2) 了解CSS的版本。

1. CSS的概念

CSS是一种用来表现HTML(标准通用标记语言的一个应用)或XML(标准通用标记语言的一个子集)等文件样式的计算机语言。CSS不仅可以静态地修饰网页,还可以配合各种脚本语言动态地对网页各元素进行格式化。

CSS能够对网页中元素位置的排版进行像素级精确控制,支持几乎所有的字体字号样式,拥有对网页对象和模型样式编辑的能力。

2. CSS的版本

(1) CSS1.0:1996年12月,W3C推出了CSS规范的第一个版本。CSS1.0较全面地规定了文档的显示样式,可分为选择器、样式属性、伪类/对象几个部分。这一规范立即引起了各方的关注,随即微软和网景公司的浏览器均能支持CSS1.0,这为CSS的发展奠定了基础。

(2) CSS2.0:1998年5月,W3C发布了CSS的第二个版本,目前的主流浏览器都采用这个版本。CSS2的规范是基于CSS1设计的,包含了CSS1所有的功能,并扩充和改进了很多更加强大的属性,包括选择器、位置模型、布局、表格样式、媒体类型、伪类、光标样式。

(3) CSS3.0:2005年12月,W3C开始CSS3标准的制定,CSS3.0增加了更多的CSS选择器,可以实现更简单但是更强大的功能。

3. CSS的特点

CSS为HTML提供了一种样式描述,定义了其中元素的显示方式。CSS在Web设计领域是一个突破。利用它可以实现修改一个小的样式更新与之相关的所有页面元素。

总体来说,CSS具有以下特点。

(1) 丰富的样式定义。CSS提供了丰富的文档样式外观,以及设置文本和背景属性的能力;允许为任何元素创建边框,元素边框与其他元素间的距离,以及元素边框与元素内容间的距离;允许随意改变文本的大小写方式、修饰方式以及其他页面效果。

(2) 易于使用和修改。CSS 可以将样式定义在 HTML 元素的 style 属性中,可以将其定义在 HTML 文档的 header 部分,也可以将样式声明在一个专门的 CSS 文件中,以供 HTML 页面引用。总之,CSS 样式表可以将所有的样式声明统一存放,统一进行管理。

另外,可以将相同样式的元素进行归类,使用同一个样式进行定义,也可以将某个样式应用到所有同名的 HTML 标签中,也可以将一个 CSS 样式指定到某个页面元素中。如果要修改样式,只需要在样式列表中找到相应的样式声明进行修改。

(3) 多页面应用。CSS 样式表可以单独存放在一个 CSS 文件中,这样就可以在多个页面中使用同一个 CSS 样式表。CSS 样式表理论上不属于任何页面文件,在任何页面文件中都可以将其引用,这样就可以实现多个页面风格的统一。

(4) 层叠。简单地说,层叠就是对一个元素多次设置同一个样式,将使用最后一次设置的属性值。例如,对一个站点中的多个页面使用了同一套 CSS 样式表,而某些页面中的某些元素想使用其他样式,就可以针对这些样式单独定义一个样式表应用到页面中。这些后来定义的样式将对前面的样式设置进行重写,在浏览器中看到的将是最后面设置的样式效果。

(5) 页面压缩。在使用 HTML 定义页面效果的网站中,往往需要大量或重复的表格和 font 元素形成各种规格的文字样式,这样做的后果就是会产生大量的 HTML 标签,从而使页面文件的大小增加。而将样式的声明单独放到 CSS 样式表中,可以极大地减小页面的体积,这样在加载页面时使用的时间也会极大地减少。另外,CSS 样式表的复用更大程度地缩减了页面的体积,减少了下载的时间。

任务 4.2 CSS 的作用和使用

➡ 任务描述

(1) 理解 CSS 的作用。
(2) 掌握 CSS 样式表的使用方式。

1. CSS 的作用

CSS 的作用如下。
(1) 遵循 W3C 标准,符合 Web 2.0 标准。
(2) 减少重复格式化,减少网页体积,加快下载和访问速度。
(3) 符合内容与表现形式分离的原则,方便搜索引擎抓取到有用的内容。
(4) 便于更新和维护,成千上万的网页只需修改 CSS 便可以更改显示外观。
(5) 浏览器干扰相对较小,实现一些 HTML 格式化不能实现的高级功能。

2. CSS 样式表的使用方式

CSS 样式表可以通过多种方式灵活地使用到 HTML 页面中,选择方式根据网页的需求确定。下面介绍4种CSS样式表的使用方式。

1）行内样式表

直接在HTML代码中加入样式规则，适用于网页内某一小段文字的显示规则，效果仅可控制该标签。

任务实例4-2-1　行内样式表引用

该案例的主要操作步骤如下。

（1）打开HBuilder(X)，输入如下主要代码。

```
<p style="background-color:#ffff00; color:#000; font-size:28px; text-align:center;">行内样式表引用实例,重要的事情说三遍！
</p>
```

（2）将其保存为网页文件，网页显示效果如图4-2所示。

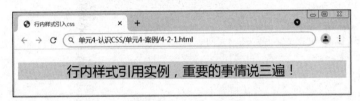

图4-2　引用行内样式表网页显示效果

注意：

（1）CSS样式多个属性及属性值包含在style＝"…"之间，各属性之间用分号隔开，同一属性的各个属性值用逗号隔开。

（2）在CSS中可以定义多个字体类型让系统自动选择，系统会根据书写的顺序进行识别选择，如图4-1代码中，浏览器识别的字体类型是第一个"微软雅黑"。

2）内部样式表

将CSS样式表以＜style type＝"text/css"＞…＜/style＞格式嵌入HTML文件的＜head＞…＜/head＞之间。

任务实例4-2-2　内部样式表引用

该案例的主要操作步骤如下。

（1）打开HBuilder(X)，输入如下代码。

```
<!doctype html>
<html>
  <head>
    <meta charset="utf-8">
    <title>内部样式引用实例</title>
    <style type="text/css">
      #divbox {
```

```
            margin:0 auto;
            width:180px;              /*设置宽度*/
            height:250px;             /*设置高度*/
            border:5px #0000FF solid; /*设置边框粗细、颜色和类型*/
            padding:10px;             /*设置 box 的内边距为 10px */
            text-align:center;        /*box 内所有内容居中*/
        }
        .a {font-family:"黑体";}      /*定义 a 类文字为黑体*/
        .b {font-family:"宋体";}      /*定义 b 类文字为宋体*/
        .c {font-family:"华文行楷";}  /*定义 c 类文字为华文行楷*/
        .d {font-family:"华文彩云";}  /*定义 d 类文字为华文彩云*/
        .e {font-family:"微软雅黑";}  /*定义 e 类文字为微软雅黑*/
    </style>
</head>
<body>
    <div id="divbox">
        <h2>回乡偶书</h2>
        <p class="a">贺知章(唐)</p>
        <p class="b">少小离家老大回,</p>
        <p class="c">乡音无改鬓毛衰。</p>
        <p class="d">儿童相见不相识,</p>
        <p class="e">笑问客从何处来。</p>
    </div>
</body>
</html>
```

(2)将其保存为网页文件,网页显示效果如图 4-3 所示。

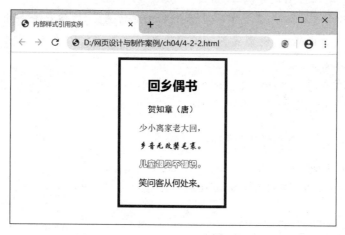

图 4-3　引用内部样式表网页显示效果

注意:

使用 ID 选择符和类选择符,可以把相同元素分类定义成不同的样式,这点优于标签选择符。

3) 外部链接样式表

需要把已经编写好的样式文件保存为扩展名为 *.css 的文件,然后将链接样式表文件链接到 HTML 文档中。多个网页可以调用一个样式表文件,这样会使网站的整体风格保持一致,同时也可以实现页面 HTML 与 CSS 的分离。

任务实例 4-2-3　外部链接样式表引用

该案例的主要操作步骤如下。

(1) 打开 HBuilder(X),编写 CSS 文件,保存为 css1.css,CSS 代码如下。

```css
*{
    margin:0 auto;
}
p{
    color: #0000FF;
    font-size:20px;
    font-family:"微软雅黑";
    text-align:center;
    line-height:1.5;             /*设置1.5倍的行高*/
}
h1,h2,h3,h4,h5,h6{
    text-align:center;
    color:red;
}
```

(2) 打开 HBuilder(X),输入如下代码。

```html
<!doctype html>
<html>
    <head>
        <meta charset="utf-8">
        <title>链接样式引用实例</title>
        <link rel="stylesheet" href="css1.css" type="text/css" /> /*引入CSS文件*/
    </head>
    <body>
        <h2>回乡偶书</h2>
        <p> 贺知章(唐)<br />
        少小离家老大回,<br />
        乡音无改鬓毛衰。<br />
        儿童相见不相识,<br />
        笑问客从何处来。<br />
        </p>
    </body>
</html>
```

注意外部链接样式表的引用代码格式编写。上面代码中的 href 用于设置链接 CSS 文件的路径与名称,可以使用相对路径,也可以使用绝对路径;rel="stylesheet"表示链接样式表,是链接样式表的必要属性。

(3) 将其保存为网页文件,网页显示效果如图 4-4 所示。

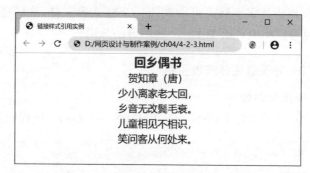

图 4-4　外部链接样式表网页显示效果

4) 导入外部样式表

导入外部样式表和外部链接样式表有点类似,二者的区别在于,导入外部样式引用是在浏览器解释的 HTML 代码时,将外部 CSS 文件的内容全部调入网页页面中,而外部链接样式表不将外部 CSS 文件的内容调入页面中,只是在用到该样式时才在外部 CSS 中调入该样式的定义。例如,将事先编写好的 CSS 文件为 css1.css,＜style type="text/css"＞@import url(css1.css);＜/style＞导入外部样式表代码如下,页面显示效果与图 4-4 所示是一样的。

```
<style type="text/css">
@import url(css1.css);
</style>
```

同步练习

对比 4 种 CSS 样式表的使用方式,并实践练习。

任务 4.3　CSS 的基本语法

任务描述

掌握 CSS 的基本语法。

CSS 样式表一般由若干样式规则构成,每个样式规则都可以看成一条 CSS 基本语句。CSS 语言由选择符、属性及属性值构成,样式列表的基本语法如下。

```
选择符{属性 1:属性值 1;属性 2:属性值 2;属性 3:属性值 3;…}
```

其中,选择符是标识已设置格式元素(如 body、table、p、类名、ID 名)术语。

样式在实际编写中需要注意以下几点。

（1）一般来说，一行定义一条样式，每条声明末尾都需要加上分号。
（2）CSS 对大小写不敏感，但在实际编写中，推荐属性名和属性值都用小写。

具有相同样式的选择器，可以将这一系列的选择器分成一个组，用逗号将每个选择器隔开。例如：

```
h1,h2,h3{
        color:red;
}
```

任务 4.4　CSS 选择器

任务描述

（1）掌握元素选择器。
（2）掌握通配符选择器。
（3）掌握属性选择器。
（4）掌握 id 选择器。
（5）掌握类选择器。
（6）掌握包含选择符合和群选择符。
（7）掌握伪类选择符。
（8）了解伪元素选择符。

CSS 选择器用于指明样式对哪些元素生效。需要明确的是，一个选择器可能会出现多个元素，但生效的只会是多个元素中的一个，其他元素和符号都可以视为条件。

任务 4.4.1　元素选择器

在 CSS 中最常见的选择器就是元素选择器，即采用 HTML 文档中的元素名称进行样式的规定。其特点元素自动匹配调用。例如，定义元素 p 的字体类型、字体大小、颜色和行高的样式，则页面中所有的 p 元素都会生效。

元素选择器的基本语法如下。

```
元素名{属性:属性名;...}
```

例如：

```
p{
    font-family: "宋体";
    font-size: 14px;
    color: #000000;
    line-height:18px;
}
```

同步练习

实践练习标题 h1 元素的文字颜色为红色,字体为黑体。

任务 4.4.2 通配符选择器

通配符选择器(universal selector)是对页面中的所有 HTML 元素应用样式,用 * 表示通配符,其基本用法如下。

```
*{
    margin:0px;
    padding:0px;
}
```

其中,* 号表示所有对象,包含所有不同 id、不同 class 的 HTML 的所有元素,但也正因如此,其灵活性较差,因此在实际应用中较少用到。

同步练习

实践练习通配符选择器在网页中的作用。

任务 4.4.3 属性选择器

对带有指定属性的 HTML 元素设置样式,能够根据某个属性是否存在或者通过属性值来查找元素。可以为拥有指定属性的 HTML 元素设置样式,而不仅限于 class 和 id 属性。其基本语法如下。

```
元素名称[元素属性]{属性名称:属性值;...}
```

需要将属性用方括号括起来,表示这是一个属性选择器。属性选择器的常见语法格式共有 4 种,如表 4-1 所示。

表 4-1 属性选择器的常见语法格式

语　　法	含　　义
E[attribute]	用于选取带有指定属性的元素
E[attribute=value]	用于选取带有指定属性和值的元素
E[attribute~=value]	用于选取属性值中包含指定词汇的元素
E[attribute|=value]	用于选取带有以指定值开头的属性值的元素,该值必须是整个单词

例如,只对带有 href 属性的超链接元素<a>设置 CSS 样式。

```
a[href]{
    color:red;
}
```

上述代码表示将所有带有 href 属性的超链接元素＜a＞设置字体颜色为红色。
也可以根据具体的属性值进行 CSS 样式设置,例如:

```
a[href="http://www.cdpc.edu.cn"]{
        color:red;
}
```

上述代码表示将 href 属性值为 http://www.cdpc.edu.cn 的超链接设置字体颜色为红色。

如果不确定属性值的完整内容,可以使用[attribute~=value]的格式查找元素,表示在属性值中包含 value 关键词。例如:

```
a[href="cdpc"]{
        color:red;
}
```

上述代码表示将所有 href 属性值中包含 cdpc 字样的超链接设置字体颜色为红色。

还可以使用[attribute|=value]的格式查找元素,表示以单词 value 开头的属性值。例如:

```
img[title|="na"]{
        border:5px solid yellow;
}
```

上述代码表示为所有 title 属性值以 na 字样开头的图像元素设置为 5 像素宽的黄色实线边框效果。

任务实例 4-4-1 属性选择器的简单应用

使用两个图像元素＜img＞作为参照对比,仅为其中一个图像元素设置 alt 属性,并使用属性选择器对其进行 CSS 样式设置。

该案例的主要操作步骤如下。

(1) 打开 HBuilder(X),输入如下代码。

```
<!doctype html>
<html>
    <head>
        <meta charset="utf-8">
        <title>属性选择器的简单应用</title>
        <style>
            img[alt="cat"]{
                    border:5px solid yellow;
            }
        </style>
    </head>
```

```
<body>
    <h2>属性选择器的简单应用</h2>
    <hr />
    <h4>为设置有 alt 属性的图像元素设置边框效果</h4>
    <img src="images/cat.jpg" alt="cat">
    <img src="images/cat.jpg">
</body>
</html>
```

(2)将其保存为网页文件。

(3)在浏览器中预览的效果如图 4-5 所示。

图 4-5　属性选择器的简单应用

同步练习

实践练习表格中的 td 元素的属性选择器的应用。

任务 4.4.4　ID 选择器

ID 选择器是使用频率非常高的一种选择器类型,其中的 ID 可理解为一个标志,网页中每个 ID 名称只能使用一次,不可能重复。ID 选择器在声明时需要在 id 名称前面加 # 号。其语法规则如下。

```
#id 名称{属性名称：属性值；...}
```

例如,为某个段落元素<p>添加 id="test"：

```
<p id="test">这是一个段落</p>
```

若要对其中 id 名为 test 的标签设置样式,其代码如下。

```
#test{
    color:#FF0000;
    text-align:center;
}
```

同步练习

实践练习使用 ID 选择器设置段落文本。

任务 4.4.5　类选择器

类选择器可以将不同的元素定义为共同的样式。类选择器在声明时需要在前面加 . 号,为了和指定的元素关联使用,需要自定义一个 class 名称。其语法规则如下。

```
.class 名称{属性名称:属性值;…}
```

例如,有两个不同的类别元素,一个是<p>元素,另一个是<h1>元素,它们都采用了相同的样式。

```
<p class="test">这是一个段落</p>
<h1 class="test">这是一个一级标题</h1>
```

若要对其中 class 名为 test 的标签设置样式,其代码如下。

```
.test{
    color:blue;
    font-size:16px;
}
```

◁)) 提示:

类选择符可以应用在多种不同的标签中。

同步练习

对比类选择器与 ID 选择器,实践练习使用这两种选择器设置段落文本。

任务 4.4.6　包含选择器和群选择器

1. 包含选择器

包含选择器是可以单独对某种元素包含关系定义的样式列表。元素 1 中包含元素 2,这种定义方式只对元素 1 中的元素 2 定义样式,对单独的元素 1 或元素 2 无作用。例如,表示 table 标签内的 a 对象的样式,即表格内的超级链接样式,对表格外的超级链接文字无效。其代码如下。

```
table a{
    color:red;
    text-decoration:none;
}
```

提示:
(1) 使用包含选择符可以避免过多地使用 ID 或 class,直接对所需的元素进行样式定义。
(2) 包含选择符可以支持多级包含。

2. 群选择符器

在使用选择器时,有的元素样式是一样的,每次都为不同的选择器单独定义样式的话太烦琐,此时就可以使用群选择器集中定义样式。不同元素或类以逗号隔开。例如:

```
h1,h2,h3,h4,h5,h6 {
    font-family: "黑体";
}
```

注意:
(1) 定义复合内容选择符时逗号起间隔不同选择符的作用,空格符起包含作用,通常右侧的选择符在左侧选择符的约束下起作用。
(2) 在网页中引用复合选择符时,以最接近大括号的选择器类型为准。

同步练习

对比包含选择器与群选择器,使用包含选择器可以避免过多地使用 ID 或 class,直接对所需元素进行样式定义。

任务 4.4.7 伪类选择器

伪类是指那些处在特殊状态的元素。伪类名可以单独使用,泛指所有元素,也可以和元素名称连起来使用,特指某类元素。伪类以冒号开头,元素选择符和冒号之间不能有空格,伪类名中间也不能有空格。

CSS 中常见的伪类如表 4-2 所示。

表 4-2 CSS 中常见的伪类

伪类名	含义
:active	向被激活的元素添加样式
:focus	向拥有输入焦点的元素添加样式
:hover	向鼠标悬停在上方的元素添加样式
:link	向未被访问的链接添加样式

续表

伪 类 名	含 义
:visited	向已被访问的链接添加样式
:first-child	向元素添加样式,且该元素是它的父元素的第一个子元素
:lang	向带有指定 lang 属性的元素添加样式

例如,定义超级链接不同的状态,代码如下。

```
a:link {
    color:blue;
}
a:visited {
    color: fuchsia;
}
a:hover {
    color: green;
}
a:active {
    color: red;
}
```

◁》 提示:

为了确保每次鼠标经过网页文本的效果相同,定义样式一定按照 a:link、a:visited、a:hover、a:active 的顺序编写。

同步练习

利用伪类选择器,实践练习网页中超级链接的不同状态。

任务 4.4.8 伪元素选择器

伪元素是指那些元素中特别的内容,与伪类不同的是,伪元素表示的是元素内部的东西,逻辑上存在,但在文档树中并不存在与之对应关联的部分。伪元素选择器的格式与伪类选择器一致。CSS 中常用的伪元素如表 4-3 所示。

表 4-3 CSS 中常用的伪元素

伪元素名	含 义
:first-letter	向文本的第一个字母添加样式
:first-line	向文本的第一行添加样式
:after	在元素之后添加样式
:before	在元素之前添加样式

任务实例 4-4-2 伪元素选择器的简单应用

使用两个图像元素 img 作为参照对比,仅为其中一个图像元素设置 alt 属性,并使用属性选择器对其进行 CSS 样式设置。

该案例的主要操作步骤如下。

(1) 打开 HBuilder(X)，输入如下代码。

```html
<!doctype html>
<html>
    <head>
        <meta charset="UTF-8">
        <title></title>
        <style type="text/css">
        /*为p中第一个字母设置颜色*/
        p:first-letter {
                        color: red;
                        font-size: 28px;
        }
        /*为p中第一行设置背景颜色*/
        p:first-line {
                        background-color: yellow;
        }
         /*
           *:before 表示元素最前边的部分，紧随着标签的部分
           *一般 before 都需要结合 content 这个样式一起使用
           *通过 content 可以向 before 或 after 的位置添加一些内容
           *:after 表示元素的最后边
         */
        p:before{
                content: "我会出现在整个段落的最前边";
                color: red;
        }
        p:after{
                content: "我会出现在整个段落的最后边";
                color: blue;
        }
        </style>
    </head>
    <body>
        <p>我是一个段落<br />
        我是一个段落
        </p>
    </body>
</html>
```

(2) 将其保存为网页文件。

(3) 在浏览器中预览的效果如图 4-6 所示。

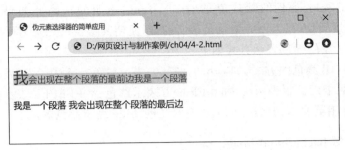

图 4-6 伪元素选择器的简单应用

同步练习

实践练习给段落中的第一个文字设置字体大小和颜色。

任务 4.5　CSS 背景属性

任务描述

(1) 掌握 CSS 背景属性。

(2) 掌握 CSS 背景属性在网页中的应用。

本节将介绍如何在网页上应用背景颜色和背景图像,并且可以精准地控制背景图像,以达到精美的效果。CSS 背景属性如表 4-4 所示。

表 4-4　CSS 背景属性

属 性 名 称	含　义
background-color	定义背景颜色
background-image	定义背景图像
background-repeat	定义背景图像是否平铺及其平铺方式
background-attachment	定义背景图像是否跟随内容滚动
background-position	定义背景图像的水平位置和垂直位置
background	可以用一条样式定义各种背景属性

1. 背景颜色 background-color

CSS 中的 background-color 属性用于为所有 HTML 元素指定背景颜色。例如:

```
h1{ background-color:gray;}          /*将标题元素的背景颜色设置为灰色*/
```

如果需要设置整个网页的背景颜色,则对<body>元素应用 background-color 属性。例如:

```
body{ background-color:orange;}      /*将整个网页的背景颜色设置为橙色*/
```

background-color 属性的默认值是 transparent（透明的），因此如果没有特别规定 HTML 元素背景颜色，那么该元素就是透明的，以便使其覆盖的元素为可见。

在 CSS 中常见的颜色表示方式如下。

（1）使用 RGB 颜色的方式，如 rgb(0,255,0) 表示绿色、rgb(0,0,0) 表示黑色等。

（2）RGB 的十六进制表示法，如 ♯FF0000 表示红色、♯FFFFFF 表示白色等。

（3）直接使用英文单词名称，如 red 表示红色、blue 表示蓝色等。

2. 背景图像 background-image

CSS 中的 background-image 属性用于为所有 HTML 元素指定背景图像。例如：设置整个网页的背景图像，则对＜body＞元素应用 background-image 属性，其代码如下。

```
body{ background-image:url(images/bg1.gif);}       /*为整个网页设置背景图像*/
```

3. 背景图像平铺方式 background-repeat

CSS 中的 background-repeat 属性用于设置背景图像的平铺方式。如果不设置该属性，则默认背景图像会在水平和垂直方向上同时被重复平铺。该属性有四种不同的取值，如表 4-5 所示。

表 4-5　CSS 属性 background-repeat 中可以使用的属性值

属 性 值	含　　义
repeat-x	水平方向平铺
repeat-y	垂直方向平铺
repeat-	水平和垂直方向都平铺
no-repeat	不平铺，只显示原图

例如，设置背景图像 bg2.jpg 为网页背景图片，并要求不平铺背景图片。其代码如下。

```
body{ background-image:url(images/bg2.jpg);
      background-repeat:no-repeat;         /*背景图像不平铺*/
}
```

4. 固定/滚动背景图像 background-attachment

CSS 中的 background-attachment 属性用于设置背景图像是固定在屏幕上还是随着页面滚动。该属性有两种取值。

（1）scroll：背景图像随着页面滚动。

（2）fixed：背景图像固定在屏幕上。

任务实例 4-5-1　固定/滚动背景图像的简单应用

使用本地 images 文件夹中的 bg2.jpg 作为网页背景图像，并将其设置为不重复平铺图像。

该案例的主要操作步骤如下。

（1）打开 HBuilder(X)，输入如下代码。

```html
<!doctype html>
<html>
    <head>
        <meta charset="utf-8">
        <title>固定/滚动背景图像的应用</title>
        <style>
        body{
            background-image:url(images/bg2.jpg);
            background-repeat:no-repeat;
            background-attachment:scroll;
        }
        p{
           font-size:32px;
           color:blue;
        }
        </style>
    </head>
    <body>
        <h2>固定/滚动背景图像的应用</h2>
        <hr />
        <p>这是段落元素，用于测试背景图像是否随着页面滚动。</p>
        <p>这是段落元素，用于测试背景图像是否随着页面滚动。</p>
        <p>这是段落元素，用于测试背景图像是否随着页面滚动。</p>
        <p>这是段落元素，用于测试背景图像是否随着页面滚动。</p>
        <p>这是段落元素，用于测试背景图像是否随着页面滚动。</p>
        <p>这是段落元素，用于测试背景图像是否随着页面滚动。</p>
        <p>这是段落元素，用于测试背景图像是否随着页面滚动。</p>
        <p>这是段落元素，用于测试背景图像是否随着页面滚动。</p>
        <p>这是段落元素，用于测试背景图像是否随着页面滚动。</p>
    </body>
</html>
```

（2）将其保存为网页文件。

（3）本实例在页面上设置足够多的段落元素<p>以便让浏览器形成滚动条，将背景图像的 background-attachment 属性设置为 scroll，测试其运行效果如图 4-7 所示。

由图 4-7 可知，当 background-attachment 属性设置为 scroll 时，背景图像会随着页面一起滚动。可以将该属性改为 fixed 重新进行测试，在页面滚动时背景图像不随着文字内容一起移动。

5. 定位背景图像 background-position

CSS 中的 background-position 属性用于设置背景图像在页面水平和垂直方向上的位置，可以根据属性值的组合将图像放置到指定的位置上。该属性的两个属性值组合的基本格式如下。

图 4-7　固定/滚动背景图像的简单应用

```
background-position: 水平方向值 垂直方向值
```

水平和垂直方向的属性值均可使用关键词、长度值或者百分比的形式表示。

（1）关键词定位。在 background-position 属性值中可以使用的关键词共有 5 种，如表 4-6 所示。

表 4-6　background-position 属性中可以使用的关键词

属性值	含　义	属性值	含　义
center	水平居中或垂直居中	left	水平方向左对齐显示
top	垂直方向置顶显示	right	水平方向右对齐显示
bottom	垂直方向底部显示		

例如：设置背景图像在元素水平居中垂直靠上的位置，其代码如下。

```
background-position: center top
```

（2）长度值定位。长度值定位方法是以元素内边距区域左上角的点作为原点，然后解释背景图像左上角的点对原点的偏移量。例如，设置背景图像左上角的点距离元素左上角向右 100px，向下 200px 的位置，其代码如下。

```
background-position: 100px 200px
```

（3）百分比定位。百分比定位方式是将 HTML 元素与其背景图像在指定的点上重合对齐，而指定的点是用百分比的方式进行解释的。

例如，设置背景图像左上角的点放置在 HTML 元素水平方向 2/3 的位置，垂直方向 1/3 的位置上的点对齐，其代码如下。

```
background-position: 66% 33%
```

6. 背景简写 background

CSS 中的 background 属性可以概况其他五种背景属性，将相关属性值汇总写在同一行中。声明顺序如下。

```
background: background-color background-image background-repeat background-attachment
background-positon
```

属性值之间用空格隔开，如果某个属性没有规定，可以省略不写。

例如，设置背景颜色为浅黄色、背景图像为 bg2.jpg、背景图像不重复，其代码简写如下。

```
body{ background:#FFC url(images/bg2.jpg) no-repeat;}
```

任务 4.6　CSS 格式属性

任务描述

（1）掌握 CSS 字体属性，并灵活运用。
（2）掌握 CSS 文本属性，并灵活运用。

1. CSS 字体属性

HTML 最核心的内容是以文本内容为主，CSS 为 HTML 的文字设置了字体属性，不仅可以更换不同的字体，还可以设置文字的风格等。CSS 中常用的字体属性如表 4-7 所示。

表 4-7　CSS 中常用的字体属性

属性名称	描述
font-family	设置网页使用字体类型，如字体类型为"宋体""黑体"等
font-size	设置文本字体大小，如字体大小为"14px"
font-weight	设置字体粗细量，"normal(正常)"为 400，"bold(粗体)"为 700
font-style	设置字体样式，如字体样式为"倾斜"
font-variant	设置文本为小型大写字母的外形

（1）字体系列 font-family。font-family 属性用于设置元素的字体,该元素的属性值可以设置多个字体,如果浏览器不支持第一个字体样式,则会尝试第二个字体。

例如,设置段落的字体为黑体,其代码如下。

```
p{ font-family:"黑体";}
```

（2）字体大小 font-size。font-size 属性用于设置字体大小。font-size 的属性值为长度值,可以使用绝对单位或相对单位。

绝对单位：使用的是固定尺寸,不允许用户在浏览器中更改文本大小,采用了物理度量单位,如 cm、mm、px 等。

相对单位：相对于周围的参照元素进行设置大小,允许用户在浏览器中更改字体大小,字体相对单位有 em、ch 等。例如：

```
p{ font-size:24px;}
h2{ font-size:2em;}
```

（3）字体粗细 font-weight。font-weight 属性用于控制字体的粗细程度。该属性有 5 种取值,如表 4-8 所示。

表 4-8　font-weight 属性取值

属性值	描述
normal	标准正常字体,也是 font-weight 的默认值
bold	加粗字体
bolder	更粗的字体
lighter	更细的字体
100-900	[100,900]范围内的整数,每个数字相差 100,数字越大字体越粗。其中 400 等同于 normal,700 等同于 bold

例如：设置段落的字体加粗,其代码如下。

```
p{ font-weight:bold;}
```

（4）字体风格 font-style。font-style 属性用于设置字体风格是否为斜体字。该属性有三种取值,如表 4-9 所示。

（5）字体变化 font-variant。font-variant 属性用于设置字体变化。该属性有两种取值,如表 4-10 所示。

表 4-9　font-style 属性取值

属性值	描述
normal	正常字体
italic	斜体字
oblique	倾斜字体

表 4-10　font-variant 属性取值

属性值	描述
normal	正常字体
small-caps	小号字的大写字母

如果当前页面的指定字体不支持 small-caps，则显示为正常大小字号的大写字母。

2. CSS 文本属性

我们经常需要控制 HTML 网页中文本的颜色、对齐方式、换行风格等显示效果，这些效果都是由 CSS 文本属性来控制的，CSS 中常用的文本属性如表 4-11 所示。

表 4-11　CSS 文本属性

属 性 名 称	描　　述
color	设置文本的颜色
letter-spacing	设置字符的间距
line-height	设置文本的行高
text-align	设置文本的水平对齐方式
text-decoration	为文本添加装饰效果（下画线、删除线、上画线）
text-indent	设置文本的首行缩进方式
text-transform	设置文本的大小写转换

（1）文本颜色 color。color 用于设置文本的颜色，颜色的取值有以下 3 种方法。

① 颜色名。CSS 颜色规范种定义了 147 种颜色名，如 black（黑色）、blue（蓝色）、green（绿色）等。

② 十六进制颜色。可以写为 ♯RRGGBB，其中 RR（红色）、GG（绿色）、BB（蓝色），十六进制整数规定了颜色的成分，最大为 ff，最小为 00。例如，♯ff0000（红色，同 red）。

③ rgb 函数。规定为 rgb(red,green,blue)，其中 red、green、blue 定义了颜色的强度，值可以是 0~255。例如，rgb(0,255,0)表示绿色，同 ♯00ff00、green。

（2）字符间距 letter-spacing。letter-spacing 属性用于设置文本中字符的间距，其属性值为长度值。

例如，将标题元素<h2>设置成字符间距为 5 像素的宽度，其代码如下。

```
h2{letter-spacing:5px;}
```

（3）文本的行高 line-height。line-height 属性用于设置文本的行高，默认值为 normal，可以使用的属性如表 4-12 所示。

表 4-12　line-height 属性

属 性 名 称	描　　述
normal	默认值，显示为合理的行间距
number	数字，可以是小数，此数字会与当前的字体尺寸相乘设置行间距
长度	设置固定的行间距
百分比	基于当前字体尺寸的百分比设置行间距
inherit	从父元素继承 line-height 设置

例如,设置段落元素<p>的行间距为 1.5 倍行距,其代码如下。

```
p{line-height:1.5;}
```

(4) 文本对齐 text-align。text-align 属性用于为文本设置对齐效果。该属性有 4 种取值,如表 4-13 所示。

例如,设置标题元素<h2>中的内容居中显示,其代码如下。

```
h2{text-align:center;}
```

(5) 文本装饰 text-decoration。text-decoration 属性用于为文本添加装饰效果。该属性有 4 种取值,如表 4-14 所示。

表 4-13 text-align 属性取值

属性名称	描述
left	文本内容左对齐
right	文本内容右对齐
center	文本内容居中显示
justify	文本内容两端对齐

表 4-14 text-decoration 属性取值

属性名称	描述
underline	为文本添加下画线
line-through	为文本添加删除线
overline	为文本添加上画线
none	正常状态的文本

例如,设置标题元素<h2>中的内容居中显示,其代码如下。

```
h2{text-align:center;}
```

(6) 文本缩进 text-indent。text-indent 属性用于为段落文本设置首行缩进效果。

例如,为段落元素<p>设置首行缩进 2 个字符,其代码如下。

```
p{t text-indent:2em;}
```

(7) 文本转换 text-transform。text-transform 属性用于设置文本的大小写。该属性有 4 种取值,如表 4-15 所示。

表 4-15 text-transform 属性取值

属性名称	描述
uppercase	将文本中每个字母都转换为大写
lowercase	将文本中每个字母都转换为小写
capitalize	将文本中的首字母转换为大写
none	将文本保持原状不做任何转换

例如,将段落元素<p>中的所有字母转换为大写字母,其代码如下。

```
p{text-transform: uppercase;}
```

任务实例 4-6-1　CSS 格式属性的综合案例

综合使用 CSS 的字体属性和文本属性进行网页格式设置。

该案例的主要操作步骤如下。

（1）打开 HBuilder(X)，输入如下代码。

```html
<!doctype html>
<html>
    <head>
        <meta charset="utf-8">
        <title>CSS 格式属性的综合实例</title>
        <style>
            #box{ margin:0 auto;
                width:260px;
                height:300px;
                border:2px #FF0000 solid;
                padding:10px;
                text-align:center;
                }
            h1{ font-family:"黑体";
                color:#00F;
                letter-spacing:10px;}
            .a{ text-decoration:underline;
                font-family:"隶书";
                }
            .b{ font-weight:bold;
                font-size:20px;
                }
            .c{ font-style:italic;}
            .d{ font-size:24px;
                line-height:2;
                }
            .e{ color:#900;
                font-size:20px;
                }
        </style>
    </head>
    <body>
        <div id="box">
            <h1>春晓</h1>
            <p class="a">(唐代)孟浩然</p>
            <p class="b">春眠不觉晓,</p>
            <p class="c">处处闻啼鸟。</p>
            <p class="d">夜来风雨声,</p>
            <p class="e">花落知多少。</p>
        </div>
    </body>
</html>
```

（2）将其保存为网页文件。

（3）在浏览器中预览的效果如图 4-8 所示。

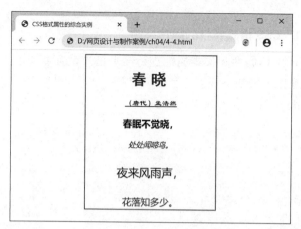

图 4-8　CSS 格式属性的综合实例

任务 4.7　CSS 列表属性

任务描述

（1）掌握 CSS 样式类型属性。

（2）掌握 CSS 样式图片属性。

CSS 列表属性用于改变列表项标记。列表类型有三种：有序列表、无序列表和自定义列表。CSS 列表属性如表 4-16 所示。

表 4-16　CSS 列表属性

属性名称	描述
list-style-type	设置列表项标记的类型
list-style-image	设置列表项标记样式为图像
list-style-position	设置列表项标记的位置
list-style	可以用一条样式定义各种列表属性

1. 样式类型 list-style-type

list-style-type 属性设置标记的类型，其默认值为实心圆心，即 disc。它可以设置的常见样式如表 4-17 所示。

表 4-17　list-style-type 属性常见取值

属性名称	描述	属性名称	描述
disc	实心圆，默认值	upper-roman	大写罗马数字
circle	空心圆	low-alpha	小写字母
square	方块	upper-alpha	大写字母
decimal	数字	none	无标记
low-roman	小写罗马数字		

2. 样式图片 list-style-image

list-style-image 属性用于指定一个图像作为列表项的标记。标记图像可以是来源于本地或者是网络的图像文件。如果已经使用了 list-style-image 属性声明了列表的标记图像，则不能同时使用 list-style-type 属性声明列表的标记类型，否则后者将无显示效果。

3. 样式位置 list-style-position

list-style-position 属性用于设置在何处放置列表项标记。list-style-position 有两种属性，如表 4-18 所示。

表 4-18　list-style-position 属性

属性名称	描述
outside	list-style-position 属性的默认值，表示列表标记放置在文本左侧
Inside	表示列表标记放置在文本内部，多行文本根据标记对齐

4. 样式简写 list-style

list-style 属性可以在一个样式中将 list-style-type、list-style-image、list-style-position 全部设置，也可以省略其中的某几项。将这几项的属性值直接用空格拼接，作为 list-style 的属性值即可。例如：

```
ul{ list-style-type:circle;
    list-style-position:outside;
}
```

上述代码使用 list-style 属性可以简写如下。

```
ul{ list-style:circle outside; }
```

任务实例 4-7-1　CSS 列表属性的综合案例

综合应用列表样式类型、样式图片和样式位置三个属性定义多样化的列表项。
该案例的主要操作步骤如下。
（1）打开 HBuilder(X)，输入如下代码。

```
<!doctype html>
<html>
    <head>
        <meta charset="utf-8">
        <title>CSS 列表属性的综合实例</title>
        <style>
        .a{ list-style-position:inside;
```

```
            list-style-image:url(images/lieb.PNG);
         }
        .b{ list-style-type:decimal;}
        .c{ list-style:square outside;}
        </style>
    </head>
    <body>
        <ul>
            <li>红茶</li>
            <li>绿茶</li>
            <li>花茶</li>
        </ul>
        <ul class="a">
            <li>红茶</li>
            <li>绿茶</li>
            <li>花茶</li>
        </ul>
        <ul class="b">
            <li>红茶</li>
            <li>绿茶</li>
            <li>花茶</li>
        </ul>
        <ul class="c">
            <li>红茶</li>
            <li>绿茶</li>
            <li>花茶</li>
        </ul>
    </body>
</html>
```

（2）将其保存为网页文件。

（3）在浏览器中预览的效果如图 4-9 所示。

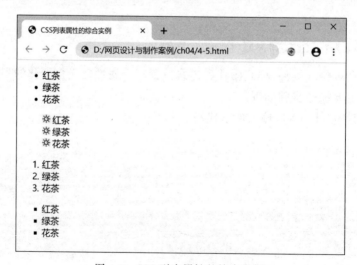

图 4-9　CSS 列表属性的综合实例

任务 4.8 CSS 表格属性

> **任务描述**

(1) 掌握 CSS 表格属性。
(2) 掌握 CSS 表格属性在表格中的应用。

CSS 表格属性用于改变表格的外观。与 CSS 表格有关的属性如表 4-19 所示。

表 4-19 与 CSS 表格有关的属性

属 性 名 称	描　　述
border-collapse	设置是否合并表格边框
border-spacing	设置相邻单元格边框之间的距离
caption-side	设置表格标题的位置
empty-cells	设置是否显示表格中空单元格上的边框和背景
table-layout	规定表格的布局方式,包括固定表格布局和根据内容调整布局

除以上五种属性设置外,在 CSS 中一些通用属性设置同样也可以用于表格元素。例如,边框(border)、宽度(width)、高度(height)、字体颜色(color)、背景(background)、文本对齐(text-align)等,这里就不展开详细说明了。

1. 折叠边框 border-collapse

border-collapse 属性用于设置是否合并表格的边框,其默认值为 separate,其显示效果是分开的。另一个属性值为 collapse,表示将边框合并为一个单一的边框。

2. 边框距离 border-spacing

border-spacing 用于设置相邻单元格边框之间的距离。该属性有两个属性值。
(1) 一个长度值:表示水平和垂直间距都是这个长度。
(2) 两个长度值:第一个长度表示水平间距,第二个长度表示垂直间距。

3. 标题位置 caption-side

caption-side 属性用于设置表格标题的位置。该属性有两个属性值。
(1) top:默认值为 top,表示标题在表格的上方。
(2) bottom:表示标题在表格的下方。

4. 空单元格 empty-cells

empty-cells 属性用于设置是否显示表格中空单元格上的边框和背景。该属性有两个属性值。
(1) show:默认值为 show,表示在空单元格周围绘制边框。

(2) hide：表示不在空单元格周围绘制边框。

5. 表格布局 table-layout

table-layout 属性用于规定表格的布局方式，包括固定表格布局和根据内容调整布局。该属性有以下两个属性值。

(1) auto：默认值为 auto，表示单元格的宽度由内容决定。
(2) fix：表示单元格的宽度由样式设置决定，不受表格内容的影响。

任务实例 4-8-1　CSS 表格属性的综合案例

该案例的主要操作步骤如下。

(1) 打开 HBuilder(X)，制作一个学生名单表格，其中包括班级、学号和姓名，代码如下。

```html
<!doctype html>
<html>
    <head>
        <meta charset="utf-8">
        <title>CSS 表格属性的综合实例</title>
        <style>
            .bc{ border-collapse:collapse; table-layout:fixed;}
            .bs{ border-spacing:5px 15px; empty-cells:hide; table-layout:auto;}
            .c{ caption-side:bottom;}
        </style>
    </head>
    <body>
        <table width="200" border="1" class="bc">
          <caption>学生名单</caption>
          <tr>
              <th scope="col">班级</th>
              <th scope="col">学号</th>
              <th scope="col">姓名</th>
          </tr>
          <tr>
              <td>网络 1901</td>
              <td>20190101</td>
              <td>张三</td>
          </tr>
        </table>
        <br />
        <table border="1" class="bs">
          <caption class="c">学生名单</caption>
          <tr>
              <th scope="col">班级</th>
              <th scope="col">学号</th>
              <th scope="col">姓名</th>
          </tr>
          <tr>
              <td>网络 1901</td>
              <td>20190101</td>
```

```
            <td></td>
        </tr>
    </table>
</body>
</html>
```

(2) 将其保存为网页文件。

(3) 在浏览器中预览的效果如图 4-10 所示。

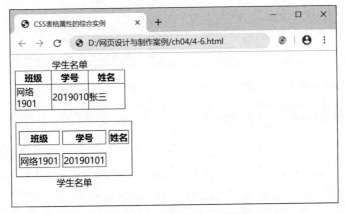

图 4-10　CSS 表格属性的综合实例

任务 4.9　CSS 盒模型

任务描述

(1) 掌握 CSS 盒模型。

(2) 掌握 CSS 盒模型在网页中的应用。

CSS 盒模型又称框模型（box model），用于描述 HTML 元素形成的矩形盒子。CSS 盒模型包括元素内容（content）、内边距（padding）、边框（border）、外边距（margin）。CSS 盒模型的结构如图 4-11 所示。

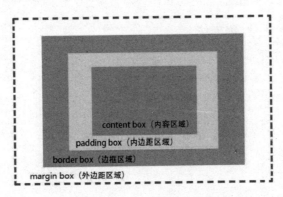

图 4-11　CSS 盒模型的结构

1. 内边距 padding 属性

元素的内边距是元素内容和边框之间的距离。元素的内边距也可以理解为元素内容周围的填充物。CSS 内边距的常用属性如表 4-20 所示。

表 4-20 CSS 内边距的常用属性

属 性 名 称	描　　述
padding-top	设置元素的上内边距
padding-right	设置元素的右内边距
padding-bottom	设置元素的下内边距
padding-left	设置元素的左内边距
padding	用一个声明设置所有内边距属性

请解释下列例题中 CSS 代码的含义。

```
div {padding:10px 5px 15px 20px;}
```

解释：此时规定的属性值按照上右下左的顺时针顺序为各边的内边距进行样式定义。因此本例表示 div 的上内边距为 10px，右内边距为 5px，下内边距为 15px，左内边距为 20px。

```
padding:10px 5px;
```

解释：上下内边距是 10px，左右内边距是 5px。

padding 属性可写成下列 4 个属性：padding-top、padding-right、padding-bottom 和 padding-left。

任务实例 4-9-1 CSS 内边距 padding 属性的综合案例

该实例的主要操作步骤如下。

(1) 打开 HBuilder(X)，输入如下代码。

```html
<!doctype html>
<html>
    <head>
        <meta charset="utf-8">
        <title>CSS 内边距 padding 属性案例</title>
        <style>
        p{ background: #F90;
            font-size:24px;
            padding:30px 5px 50px 100px;
        }
        </style>
    </head>
    <body>
        <h2>CSS 内边距 padding 属性的应用</h2>
        <hr/>
        <P>CSS 内边距 padding 属性</P>
    </body>
</html>
```

（2）将其保存为网页文件。
（3）在浏览器中预览的效果如图 4-12 所示。

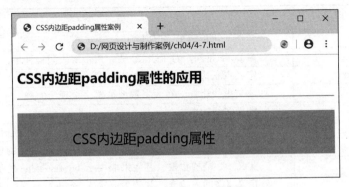

图 4-12　CSS 内边距 padding 属性的综合案例

2．边框 border 属性

使用 CSS 边框的相关属性可以为 HTML 元素设置不同宽度、样式和颜色的边框。CSS 边框的常用属性如表 4-21 所示。

表 4-21　CSS 边框的常用属性

属 性 名 称		描　　述
样式	border-top-style	设置上边框的样式属性
	border-right-style	设置右边框的样式属性
	border-bottom-style	设置下边框的样式属性
	border-left-style	设置左边框的样式属性
	border-style	设置 4 条边框的样式属性
宽度	border-top-width	设置上边框的宽度属性
	border-right-width	设置右边框的宽度属性
	border-bottom-width	设置下边框的宽度属性
	border-left-width	设置左边框的宽度属性
	border-width	设置 4 条边框的宽度属性
颜色	border-top-color	设置上边框的颜色属性
	border-right-color	设置右边框的颜色属性
	border-bottom-color	设置下边框的颜色属性
	border-left-color	设置左边框的颜色属性
	border-color	设置 4 条边框的颜色属性
复合	border-top	用一个声明定义所有上边框属性
	border-right	用一个声明定义所有右边框属性
	border-bottom	用一个声明定义所有下边框属性
	border-left	用一个声明定义所有左边框属性
	border	用一个声明定义所有边框属性

1) 边框样式 border-style

CSS 中的 border-style 属性用于定义 HTML 元素边框的样式。该属性有 10 种取值，如表 4-22 所示。

表 4-22　CSS 边框样式取值

属性名称	描述
none	定义无边框效果，默认值
hidden	与 none 相同。对于表，hidden 用于解决边框冲突
dotted	定义点状边框。在大多数浏览器中呈现为实线
dashed	定义虚线边框。在大多数浏览器中呈现为实线
solid	定义实线边框
double	定义双线边框。双线的宽度等于 border-width 的值
groove	定义 3D 凹槽边框。其效果取决于 border-color 的值
ridge	定义 3D 凸槽边框。其效果取决于 border-color 的值
inset	定义 3D 凹入边框。其效果取决于 border-color 的值
outset	定义 3D 凸起边框。其效果取决于 border-color 的值
inherit	从父元素继承边框样式

可以使用 border-style 一次定义 4 条边框的样式，定义顺序为上右下左，也可以通过 border-top-style、border-right-style、border-bottom-style、border-left-style 精准定义每条边框的样式。

2）边框宽度 border-width

CSS 中的 border-width 属性用于定义 HTML 元素边框的宽度。该属性有 4 种取值，如表 4-23 所示。

表 4-23　CSS 边框宽度 border-width 取值

属性名称	描述	属性名称	描述
thin	较窄的边框	thick	较宽的边框
medium	中等宽度的边框	像素值	自定义像素值宽度的边框

3）边框颜色 border-color

CSS 中的 border-color 属性用于定义 HTML 元素边框的颜色。颜色取值前面已经介绍过，可以直接写颜色名，也可以直接输入十六进制颜色值，还可以直接输入 rgb 函数值。

任务实例 4-9-2　CSS 边框 border 属性的综合案例

该案例的主要操作步骤如下。

（1）打开 HBuilder(X)，输入如下代码。

```
<!doctype html>
<html>
    <head>
        <meta charset="utf-8">
        <title>CSS 边框 border 属性的综合案例</title>
        <style>
```

```
    #box1{ width:300px;
           height:100px;
           line-height:100px;
           text-align:center;
           background:#FFC;
           font-size:24px;
           border-top:5px #F00 solid;
           border-right:5px #00FF00 dashed;
           border-bottom:5px #0000FF dotted;
           border-left:5px #FF00FF double;
    }
    #box2{ width:300px;
           height:100px;
           line-height:100px;
           text-align:center;
           background:#CFF;
           font-size:24px;
           border:5px #F00 solid;
           margin-top:20px;
    }
    </style>
</head>
<body>
    <h2>CSS边框border属性的应用</h2>
    <hr/>
    <div id="box1">CSS边框border属性1</div>
    <div id="box2">CSS边框border属性2</div>
</body>
</html>
```

（2）将其保存为网页文件。

（3）在浏览器中预览的效果如图4-13所示。

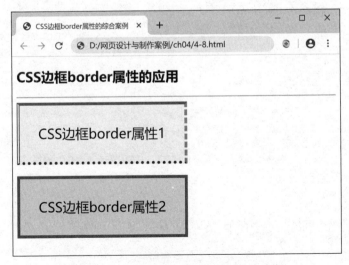

图4-13 CSS边框border属性的综合案例

3. 外边距 margin 属性

在 CSS 中,可以使用 margin 属性设置 HTML 元素的外边距。元素的外边距也可以被理解为元素内容周围的填充物,是当前元素与其他元素之间的距离。CSS 外边距 margin 的常用属性如表 4-24 所示。

表 4-24　CSS 外边距 margin 的常用属性

属性名称	描述
margin-top	设置元素的上外边距
margin-right	设置元素的右外边距
margin-bottom	设置元素的下外边距
margin-left	设置元素的左外边距
margin	用一个声明设置所有外边距属性

margin 属性值可以是长度值或百分比,包括可以使用负数。

任务实例 4-9-3　CSS 外边距 margin 属性的综合案例

该案例的主要操作步骤如下。

(1) 打开 HBuilder(X),输入如下代码。

```html
<!doctype html>
<html>
    <head>
        <meta charset="utf-8">
        <title>CSS 外边距 margin 属性的综合案例</title>
        <style>
            .box{ width:400px;
                height:100px;
                background:#FFC;
                border:5px #F00 solid;
                margin-bottom:50px;
            }
            #sty01{ width:320px;
                height:30px;
                border:2px #0000FF solid;
                margin-top:20px;
                margin-left:50px;
            }
        </style>
    </head>
    <body>
        <h2>CSS 外边距 margin 属性的应用</h2>
        <hr />
        <div class="box">该 DIV 的下外边距为 20px</div>
        <div class="box">
```

```
        <div id="sty01">该段落的上外边距为20px,左外边距为50px</div>
    </div>
</body>
</html>
```

(2) 将其保存为网页文件。

(3) 在浏览器中预览的效果如图 4-14 所示。

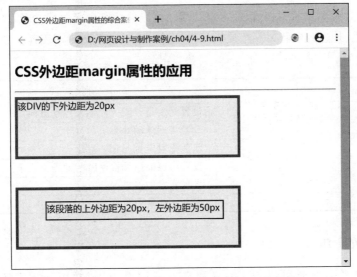

图 4-14　CSS 外边距 margin 属性的综合案例

提示：

(1) 内外边距不仅适用于 DIV，还适用于任何可见的 HTML 元素，如段落、标题、表格、列表等。

(2) HTML 元素的默认内边距和外边距，有时候会对页面布局产生不良影响，可使用下面的规则消除它们：*{padding:0px；margin:0px}；。

任务 4.10　CSS 布局

任务描述

(1) 掌握 CSS 浮动属性。

(2) 掌握 CSS 定位属性。

布局属性指的是文档中元素排列显示的规则。

HTML 中提供了以下三种布局方式。

(1) 普通文档流。它的特点如下：①文档中的元素按照默认的显示规则排版布局，即从上到下，从左到右；②块级元素独占一行，行内元素则按照顺序被水平渲染，直到在当前行遇到了边界，然后换到下一行的起点继续渲染；③元素内容之间不能重叠显示。

(2) 浮动。它的特点如下：①设定元素向某一个方向倾斜浮动的方式排列元素；②从上到下，按照指定方向见缝插针；③元素不能重叠显示。

(3) 定位。它的特点如下：①直接定位元素在文档或者父元素中的位置，表现为漂浮在指定元素上方，脱离了文档流；②表示元素可以重叠在一块区域中，按照显示的级别以覆盖的方式显示。

任务 4.10.1　CSS 浮动属性

浮动使元素脱离普通文档流，CSS 定义浮动可以使块级元素向左或者向右浮动，直到遇到边框、内边距、外边距或者另一个块级元素位置。浮动涉及的常用属性如表 4-25 所示。

表 4-25　浮动涉及的常用属性

属 性 名 称	描　　述
float	设置元素是否需要浮动及浮动方向
clear	设置清理浮动效果
clip	裁剪绝对定位元素
overflow	设置内容溢出元素框时的处理方式
display	设置元素如何显示
visibility	定义元素是否可见

1. 浮动效果 float

在 CSS 中 float 属性可以用于令元素向左或向右浮动，常用于文字环绕图像效果。实际上任何元素都可以应用浮动效果。该属性有 4 种属性值，如表 4-26 所示。

表 4-26　浮动属性 float 的属性值

属 性 名 称	描　　述
left	设置元素向左浮动
right	设置元素向右浮动
none	float 属性的默认值，表示元素不浮动
inherit	继承父元素的 float 属性值

任务实例 4-10-1　CSS 浮动的简单应用

使用 CSS 属性 float 制作文字环绕图片的效果。

该案例的主要操作步骤如下：

(1) 打开 HBuilder(X)，输入如下代码。

```
<!doctype html>
<html>
    <head>
        <meta charset="utf-8">
        <title>热河简介</title>
```

```html
<style type="text/css">
body{font-size:14px;
    line-height:1.5;           /*设置段落中1.5倍行距*/
}
li {list-style:none;}          /*设置列表项无样式*/
a {text-decoration:none;}      /*设置超链接无下画线*/
a:hover {text-decoration:underline;}   /*设置超链接鼠标悬停时下画线*/
#box{ height:550px;            /*设置容器高度*/
    width:500px;               /*设置容器宽度*/
    padding:5px;               /*设置内边距,使内容与边框留有空隙*/
    margin:20px;
    border:1px #999 solid;     /*设置容器边框属性*/
}
#box img {
    margin-right:10px;         /*此属性值用于控制图像与文字间的距离 10px*/
    float: left;               /*设置图像向左浮动,实现图文环绕效果*/
    border:2px #FF0000;        /*设置图像边框*/
}
#box h2 {
    text-align:center;         /*设置标题居中*/
    line-height:35px;
    font-size:20px;
    padding-left:5px;
    border-bottom:1px #333 solid;
}                              /*设置标题字号,以及相关美化*/
#box h3 {
    font-size:16px;            /*设置标题字号大小*/
}
#box p {
    font-size:12px;            /*设置字体大小*/
    text-indent:2em;           /*设置首行缩进两个汉字的距离*/
}
</style>
</head>
<body>
    <div id="box">
        <h2>热   河</h2>
        <img src="images/rh1.jpg" alt="热河" width="300" height="200"/>
        <p>位于避暑山庄湖区东北隅,是山庄湖泊的主要水源。清澈的泉水从地下涌出,流经澄湖、如意湖、上湖、下湖,自银湖南部的五孔闸流出,沿长堤汇入武烈河。热河全长700多米,在一般地图上找不到它的踪迹。它是中国最短的河流。热河发源于避暑山庄诸泉的一条涓涓细流,主要水源来自热河泉。冬季水温为8℃。泉侧有巨石,刻 &ldquo;热河 &rdquo;两字。<br />
        热河泉是山庄极为重要的景观要素、湖区的主要水源。春天,澄湖位于泉水的源头,澄澈见底、夏天,浮萍点点,泛起阵阵清香。节令过了白露、霜降,泉水融融,水温高于一般水体,湖中的荷花仍与秋菊同放异彩,乾隆皇帝因而写道:&ldquo;荷花仲秋见,惟应此热泉。&rdquo;虽值隆冬,仍不见冰,景色幽绝。尽管白雪皑皑,这里却藻绿水清,碧水涟漪,春意盎然,是热河泉把春天留在了山庄。</p>
```

```html
            <h3>周边景区导览</h3>
            <img class="hhcdimg" src="images/hhcd.jpg" alt="和合承德" width=
"140" height="120" />
            <ul>
                <li>【避暑山庄景区】<a href="#">导览</a></li>
                <li>【布达拉宫 &middot;行宫景区】<a href="#">导览</a></li>
                <li>【普宁寺景区】<a href="#">导览</a> </li>
                <li>【馨锤峰景区】<a href="#">导览</a></li>
                <li>【木兰围场坝上草原景区】<a href="#">导览</a> </li>
            </ul>
        </div>
    </body>
</html>
```

（2）将其保存为网页文件。

（3）在浏览器中预览的效果如图 4-15 所示。

图 4-15　CSS 浮动的简单应用

2. 清理浮动 clear

CSS 中的 clear 属性用于清理浮动效果，它可以规定元素的哪一侧不允许出现浮动元素。该属性有 5 种属性，如表 4-27 所示。

表 4-27　清理浮动属性 clear 的属性

属性名称	描述
left	元素的左侧不允许有浮动元素
right	元素的右侧不允许有浮动元素
both	元素的左右两侧均不允许有浮动元素
none	clear 属性的默认值，表示允许浮动元素出现在左、右两侧
inherit	继承父元素的 clear 属性

例如，常用 clear:both 来清除之前元素的浮动效果。

```
P{ clear:both;}
```

此时，该元素不会随着之前的元素进行错误的浮动。

3. 裁剪属性 clip

clip 控制对元素的裁剪。该元素必须是绝对定位的，其方法是设置 position 为 absolute，默认值为 auto，表示不进行任何裁剪。如果要进行裁剪，需要给定一个矩形，其格式如下。

```
rect(top right bottom left)
```

top、right、bottom、left 可以理解为裁剪后的矩形的右上角纵坐标（top）和横坐标（right）、左下角纵坐标（bottom）和横坐标（left）。

任务实例 4-10-2　CSS 裁剪的简单应用

该案例的主要操作步骤如下。

（1）打开 HBuilder(X)，输入如下代码。

```
<!doctype html>
<html>
    <head>
        <meta charset="utf-8">
        <title>CSS 裁剪的简单应用</title>
        <style>
        .c{
            position:absolute;
            clip:rect(0px 200px 200px 0px);
        }
        </style>
    </head>
    <body>
        <h2>CSS 裁剪属性 clip 的简单应用</h2>
        <hr />
        <img src="images/cat.jpg" width="200" height="297">
```

```
            <img class="c" src="images/cat.jpg" width="200" height="297">
        </body>
</html>
```

（2）将其保存为网页文件。

（3）在浏览器中预览的效果如图 4-16 所示。

图 4-16 CSS 裁剪的简单应用

4. 溢出属性 overflow

在 CSS 中，如果设置了一个盒子的宽度与高度，则盒子中的内容就可能超过盒子本身的宽度或高度。此时，可以使用 overflow 属性来控制内容溢出时的处理方式。该属性有 4 种属性值，如表 4-28 所示。

表 4-28 溢出属性 overflow 的属性值

属性名称	描述
visible	默认值，内容不会被剪切，内容会溢出显示在元素框之外
auto	内容如果溢出，会自动生成滚动条
hidden	内容会被剪切，溢出元素框的内容不可见
scroll	内容溢出会被剪切，但会自动生成滚动条

任务实例 4-10-3　CSS 溢出 overflow 的简单应用

该案例的主要操作步骤如下。

（1）打开 HBuilder(X)，输入如下代码。

```
<!doctype html>
<html>
    <head>
```

```html
<meta charset="utf-8">
<title>CSS溢出 overflow 的简单应用</title>
<style>
div{border:2px #0000FF solid;
    width:250px;
    height:50px;
}
.s{ overflow:scroll;}
.h{ overflow:hidden;}
.v{ overflow:visible;}
</style>
</head>
<body>
    <div class="s">如果容器中的内容超出了容器本身的宽度和高度,内容就有可能溢出。此时,就可以使用 overflow 属性来控制内容溢出时的处理方式。
    </div>
    <br/>
    <div class="h">如果容器中的内容超出了容器本身的宽度和高度,内容就有可能溢出。此时,就可以使用 overflow 属性来控制内容溢出时的处理方式。
    </div>
    <br/>
    <div class="v">如果容器中的内容超出了容器本身的宽度和高度,内容就有可能溢出。此时,就可以使用 overflow 属性来控制内容溢出时的处理方式。
    </div>
</body>
</html>
```

（2）将其保存为网页文件。

（3）在浏览器中预览的效果如图 4-17 所示。

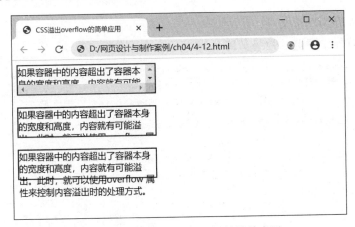

图 4-17　CSS 溢出 overflow 的简单应用

5. 显示属性 display

display 属性用于设置是否显示元素,及显示时的具体方式。它的属性值主要有以下

3种。

（1）none：该元素不会被显示，通常用于预先做好动态显示。

（2）block：该元素将显示为块级元素，元素前后会有换行符，可以设置它的宽高和内外边距。

（3）inline：该元素将显示为内联元素，元素前后没有换行符，也无法设置宽高和内外边距。

任务实例 4-10-4　CSS 显示属性 display 的简单应用

该案例的主要操作步骤如下。

（1）打开 HBuilder(X)，输入如下代码。

```
<!doctype html>
<html>
    <head>
        <meta charset="utf-8">
        <title>CSS显示属性display的简单应用</title>
        <style>
            p{display:inline;}
            div{display:none;}
        </style>
    </head>
    <body>
        <p>本例中的样式表把段落元素设置为内联元素。</p>
        <p>而div元素不会显示出来！</p>
        <div>div元素的内容不会显示出来！</div>
    </body>
</html>
```

（2）将其保存为网页文件。

（3）在浏览器中预览的效果如图 4-18 所示。

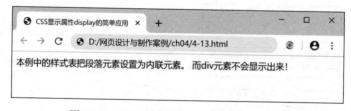

图 4-18　CSS 显示属性 display 的简单应用

同步练习

实践练习通过 float 使元素浮动排列，再通过 clear 控制左右两侧元素达到换行的目的。

任务 4.10.2　CSS 定位属性

CSS 定位可以将 HTML 元素放置在页面上指定的任意地方。CSS 定位的原理是把页面左上角的点定义为坐标原点(0,0)，然后以像素为单位将整个网页构建成一个坐标系统。其中 x 轴与数学坐标系方向相同，越往右数字越大；y 轴与数学坐标系方向相反，越往下数字越大。

CSS 定位常用属性如表 4-29 所示。

表 4-29　CSS 定位常用属性

属性值	描述
position	元素的定位类型
top	设置定位元素上外边界与其包含块上边界之间的偏移
right	设置定位元素右外边界与其包含块右边界之间的偏移
bottom	设置定位元素下外边界与其包含块下边界之间的偏移
left	设置定位元素左外边界与其包含块左边界之间的偏移
z-index	设置元素的堆叠顺序

1. 定位属性 position

position 用于设置元素的定位方式，它的属性值可以设置为以下几种。

(1) static：默认值，没有定位，元素将出现在正常的位置，这种方式将忽略 top、right、bottom、left、z-index 属性。

(2) absolute：生成绝对定位的元素，相对于 static 定位以外的第一个父元素进行定位，如果一直找不到，则相对于页面定位，位置通过 top、right、bottom、left 进行规定。

(3) relative：生成相对定位的元素，相对于其正常位置进行定位，但不会脱离文档流。

2. 定位位置

定位的位置主要依靠以下 4 个属性控制。

(1) top 属性：顶端距离属性，表示当前对象的上侧边缘距离参照对象上侧的偏移量，向下偏移为正值，向上偏移为负值。

(2) right 属性：右侧偏移属性，表示当前对象右侧边缘距离参照对象右侧边缘的偏移量。向左为正值，向右为负值。

(3) bottom 属性：下侧偏移属性，表示当前对象下侧边缘距离参照对象下侧边缘的偏移量，向上为正值，向下为负值。

(4) left 属性：左侧距离属性，表示当前对象的左侧边缘距离参照对象左侧边缘的偏移量，向右偏移为正值，向左偏移为负值。

3. z-index 属性

z-index 属性用于设置元素的堆叠顺序。拥有更高堆叠顺序的元素总是会处于堆叠顺序较低的元素的前面。该属性设置一个定位元素沿 z 轴的位置，z 轴定义为垂直延伸到显示区的轴。如果为正数，则离用户更近，为负数则表示离用户更远。

任务实例 4-10-5　使用定位属性设计简单网页

插入两个 DIV 元素，底层的大小为 300px×300px，上层的大小为 100px×100px。该案例的主要操作步骤如下。

（1）打开 HBuilder(X)，输入如下代码。

```html
<!doctype html>
<html>
    <head>
        <meta charset="utf-8">
        <title>使用定位属性设计简单网页</title>
        <style type="text/css">
        #box{
            width:200px;
            height:200px;
            border:1px blue solid;
            background:#F9F;
            position:relative;
            left:100px;
            top:50px;
        }
        #box1{
            width:100px;
            height:100px;
            border:1px red solid;
            background:url(images/logo_bg.png);
            position:absolute;
            left:50px;
            top:50px;
        }
        </style>
    </head>
    <body>
        <div id="box">
            <div id="box1"></div>
        </div>
    </body>
</html>
```

从代码结构可以看出，DIV:box1 是隶属于 DIV:box 的，box 是 box1 的父元素。box1 的 left 和 top 属性是相对于其父元素 box 的。

（2）将其保存为网页文件。

（3）在浏览器中预览的效果如图 4-19 所示。

图 4-19 使用定位属性设计简单网页

> **注意:**
> 绝对定位方式有时候会出现局部错位的情况,所以一般不用于整个网页的布局。但是在特殊情况下,也可以用。例如,下面的任务实例就是使用的绝对定位方式。

任务实例 4-10-6 使用 position 属性素设计图文混排网页

使用 Div 的定位技术,完成如图 4-20 所示的网页。灵活使用 position 属性,对其进行适当取值,并结合 left、top、z-index 等属性进行定位布局。

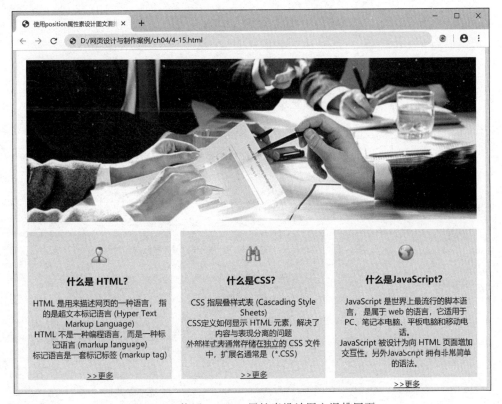

图 4-20 使用 position 属性素设计图文混排网页

该案例的主要操作步骤如下。

（1）先"插入Div标签"，ID设置为wrapper，设置其有关CSS属性，DIV:wrapper位置设置使用相对定位模式relative，因为在默认的static模式下，其包含的子元素不能以其为定位参考依据。垂直叠放次序z-index为1，其他包含的DIV的z-index应该大于这个值，否则DIV:wrapper会覆盖它。

（2）在DIV:wrapper中，再插入另外的4个DIV，直接插入普通的DIV即可。对其CSS属性增加一个position：absolute；即可把普通DIV变为绝对AP DIV。这样就可以使用其他定位属性，如left、top、z-index等。

（3）把DIV:header、DIV:box1到DIV:box3设置为绝对定位元素，即添加position：absolute；属性。这样只要在CSS中适当设置它们的大小和位置（left、top），就可以让它们出现在页面的正确位置上。经过简单计算，设置这些属性的CSS代码，主要代码如下。

```html
<!doctype html>
<html>
    <head>
        <meta charset="utf-8">
        <title>使用position属性素设计图文混排网页</title>
        <style type="text/css">
        *{                              /*清除网页元素默认内外边距*/
            margin: 0px;
            padding: 0px;
        }
        body {
            background-color: #EEE;     /*网页背景色,浅灰色*/
        }
        #wrapper {
            background-color: #FFF;
            margin-right: auto;
            margin-left: auto;          /*设置左右外边距自动,让网页居中*/
            height: 687px;
            width: 980px;
            position:relative;          /*位置设置为相对模式,否则其子元素不能以其为参照*/
            z-index:1;                  /*设置叠放次序1*/
        }
        #header{
            width:940px;
            height:327px;
            background-image:url(images/container-bg.jpg);
            background-repeat:no-repeat;
            background-position:center center;
            position:absolute;  /*位置为绝对模式*/
            left:20px;          /*水平绝对位置*/
            top:20px;           /*垂直绝对位置*/
            z-index:2;          /*设置叠放次序2,高于wrapper的层次*/
        }
        #box1{
            width:280px;
            height:280px;
```

```css
        background-color:#EEE;
        position:absolute;
        left:20px;
        top:367px;
        z-index:2;              /*设置叠放次序 2*/
        text-align:center;
        padding:10px;           /*4 个内边距为 10px */
                                /*上下内边距+高=300px,这就是整个 DIV 的实际高度*/
                                /*左右内边距+宽=300px,这就是整个 DIV 的实际宽度*/
    }
    #box2{
        width:280px;
        height:280px;
        background-color:#EEE;
        position:absolute;
        left:340px;             /*相对于 box1,水平向右平移了 340px-20px=320px */
        top:367px;
        z-index:2;
        text-align:center;
        padding:10px;
    }
    #box3{
        width:280px;
        height:280px;
        background-color:#EEE;
        position:absolute;
        left:660px;             /*相对于 box2,水平向右平移了 360px-340px=320px */
        top:367px;
        z-index:2;
        text-align:center;
        padding:10px;
    }
    </style>
</head>

<body>
    <div id="wrapper">
        <div id="header"></div>
        <div id="box1"> 
            <p><img src="images/read1-img.png" width="32" height="32" /></p>
            <p> </p>
            <h3>什么是 HTML? </h3>
            <p> </p>
            <p>HTML 是用来描述网页的一种语言,指的是超文本标记语言 (Hyper Text
            Markup Language) <br />
            HTML 不是一种编程语言,而是一种标记语言 (markup language)<br />
            标记语言是一套标记标签 (markup tag)<br />
            </p>
            <p> </p>
            <p><a href="#">&gt;&gt;更多</a></p>
        </div>
        <div id="box2"> 
```

```
            <p><img src="images/read2-img.png" width="32" height="32" /></p>
            <p> </p>
            <h3>什么是 CSS? </h3>
            <p> </p>
            <p>CSS 指层叠样式表 (Cascading Style Sheets)<br />
              CSS 定义如何显示 HTML 元素,解决了内容与表现分离的问题<br />
              外部样式表通常存储在独立的 CSS 文件中,扩展名通常是(*.CSS)</p>
            <p><br />
            </p>
            <p><a href="#">&gt;&gt;更多</a></p>
        </div>
        <div id="box3"> 
            <p><img src="images/read3-img.png" width="32" height="32" /></p>
            <p> </p>
            <h3>什么是 JavaScript? </h3>
            <p> </p>
            <p>JavaScript 是世界上最流行的脚本语言,是属于 Web 的语言,它适用于 PC、笔记本电脑、平板电脑和移动电话。<br />
              JavaScript 被设计为向 HTML 页面增加交互性。另外 JavaScript 拥有非常简单的语法。</p>
            <p> </p>
            <p><a href="#">&gt;&gt;更多</a></p>
        </div>
    </div>
  </body>
</html>
```

(4)将其保存为网页文件。

(5)在浏览器中预览的效果如图 4-20 所示。

同步练习

实践练习将一张图片定位在距离浏览器左 200px,上 300px 的绝对位置。

任务 4.11　CSS 综合运用

任务描述

结合图文混排的基本思路,灵活运用 CSS 设计制作一个"美食天下"网页,网页预览效果如图 4-21 所示。

任务实施

如图 4-21 所示,从页面整体布局来看,"美食天下"网页主要包括头部 Logo、导航、页面的主体内容区域,以及页面底部版权区域。仔细观察可以发现,页面主体内容区域包含多个图文混排的容器,在制作的过程中这部分需要用到 CSS 所定义的类规则 post 进行统一规划。通过对页面的仔细观察,以及成熟的思考,得到页面的布局规划图,如图 4-22 所示。

单元4 认识CSS 133

图 4-21 "美食天下"网页预览效果

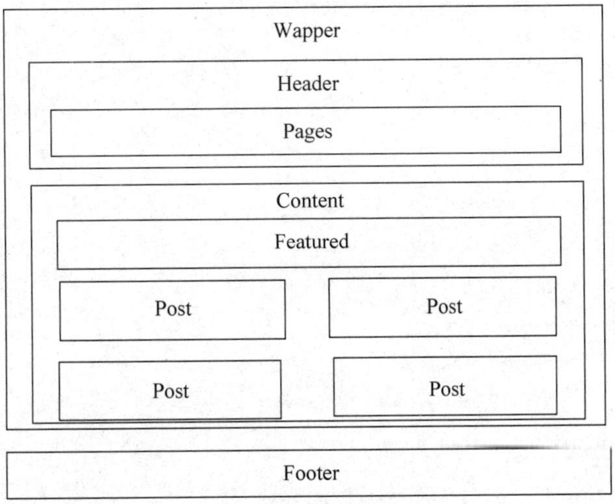

图 4-22 布局规划图

该网页制作的主要操作步骤如下。

（1）根据网页布局，输入如下主要 HTML 代码。

```html
<body>
<div id="wrapper">
  <div id="header">
    <div class="logo">
      <h1><a href="#">美食天下</a></h1>
      <P>WWW.MSTX.COM</P>
    </div>
    <ul class="pages">
      <li><a href="#">首页</a></li>
      <li><a href="#">菜谱</a></li>
      <li><a href="#">食材</a></li>
      <li><a href="#">珍选</a></li>
      <li><a href="#">健康</a></li>
      <li><a href="#">专题</a></li>
      <li><a href="#">社区</a></li>
      <li><a href="#">话题</a></li>
      <li><a href="#">名博</a></li>
    </ul>
  </div>
  <div id="content">
    <div id="featured">
      <h2>美食资讯</h2>
      <div id="neirong">
        <img src="images/x.jpg" />
        <h3><a href="#">木耳炒鸡蛋</a></h3>
        <P class="detail">发表于<a href="#">2020.1.6</a>作者<a href="#">lgl</a></P>
        <p>有没有人喜欢吃木耳，却不敢炒木耳？木耳好吃，但炒起来却有些危险，每回炒木耳，厨房里就跟放鞭炮似的，噼里啪啦响，锅像要炸了一样，木耳溅得到处都是，一不小心，溅到手上，那叫一个痛呀。小厨也是过来人，也曾经历过这一切，但是我后来找到一个好办法，其实只要掌握一个小窍门，就能有效解决！</p>
      </div>
    </div>
    <div class="post">
      <h3><a href="#">粉蒸排骨</a></h3>
      <img src="images/001.jpg" />
      <p>粉蒸排骨肥而不腻，软烂入味，加了红薯打底，红薯吸收了排骨的油脂、变得更加软糯香甜。选红薯的时候选用那种红心薯，更甜。
      这是我们家非常喜欢的一道菜。</p>
      <p class="category"><a href="#">阅读全文</a></p>
      <p class="comments"><a href="#">已有 51 位博友收藏</a></p>
    </div>
    <div class="post">
      <h3><a href="#">似肉非肉-酥炸香菇</a></h3>
      <img src="images/002.jpg" />
```

```html
        <p>香蕉面包的方子多的是,我改来改去,终于改到了一个很满意的方子,成品软润香甜,已经用了有很长一段时间了。</p>
        <p class="category"><a href="#">阅读全文</a></p>
        <p class="comments"><a href="#">已有 51 位博友收藏</a></p>
      </div>
      <div class="post">
        <h3><a href="#">沙拉配鲜奶酪卷</a></h3>
        <img src="images/003.jpg" />
        <p>香蕉面包的方子多的是,我改来改去,终于改到了一个很满意的方子,成品软润香甜,已经用了有很长一段时间了。</p>
        <p class="category"><a href="#">阅读全文</a></p>
        <p class="comments"><a href="#">已有 51 位博友收藏</a></p>
      </div>
      <div class="post">
        <h3><a href="#">香奶甜杏</a></h3>
        <img src="images/004.jpg" />
        <p>香蕉面包的方子多的是,我改来改去,终于改到了一个很满意的方子,成品软润香甜,已经用了有很长一段时间了。</p>
        <p class="category"><a href="#">阅读全文</a></p>
        <p class="comments"><a href="#">已有 51 位博友收藏</a></p>
      </div>
    </div>
</div>
<div id="footer">
    <div class="footerwrapper">
      <p class="left">Copyright © 2019 - 2022 <a href="#">美食天下</a> • All Rights Reserved </p>
      <p class="right">design by: 美食天下 | 更多资讯 www.baidu.com</p>
    </div>
</div>
</body>
```

(2) 使用 CSS 格式化网页。

```css
*{
  padding:0;
  margin:0;
  border:0;
}
body{
    font-family:Verdana;
    font-size:12px;
    background-image:url(images/background.gif);
    background-repeat:repeat-x; background-position:left top;
}
a{
  color:#ca5518;
} /*超链接颜色为橘黄色*/
```

```css
a:hover{
        text-decoration:none;
        color:#F00;
}
li{
  list-style:none;
}
#wrapper{
        width:900px;
        margin:0 auto;
}
#header{
        height:160px;
}
#header a{
        text-decoration:none;
}
.logo{
      margin-top:27px;
      margin-bottom:22px;
}
.logo h1{
        font-size:2.8em;
}
.logo p{
       color:#777777;
       font-size:1.4em;
}
.pages{
       height:37px;
}
.pages li{
         float:left;
         background-image:url(images/divider.gif);
         background-repeat:no-repeat; background-position:right top;
}
.pages a{
        display:block;
        width:100px;
        height:18px;
        font-size:1.3em;
        font-family:"黑体";
        padding-top:12px;
        padding-bottom:9px;
        text-align:center;
        color:#777777;
}
.pages a:hover{
```

```css
        color:#ca5518;
}
#content{
        width:900px;
        float:left;
        padding-top:5px;
}
#featured{
        height:190px;
        background:url(images/featured.gif) repeat-x 0 0;
        padding:12px;
        border:1px #bbbbbb solid;
        margin-bottom:15px;
}
#featured h2{
            font-size:1.5em;
            margin-bottom:20px;
}
#neirong img{
            float:left;
            margin-right:10px;
            border:1px #CCC solid;
            padding:5px;
}
#neirong h3{
            font-size:1.2em;
            margin-bottom:5px;
}
#neirong h3 a{
             text-decoration:none;
             color:#000;
}
#neirong .detail{
                font-size:0.9em;
                margin-bottom:15px;
}
#neirong p{
           line-height:1.5em;
}
.post{
       width:420px;
       height:175px;
       float:left;
       border:1px #bbbbbb solid;
       padding:10px;
       background-image:url(images/post.gif) repeat-x left bottom;
       margin-bottom:10px;
       margin-right:5px;
```

```css
}
.post h3{
        margin-bottom:10px;
        font-size:1.2em;
}
.post h3 a{
          text-decoration:none;
          color:#000;
}
.post img{
        border:1px #CCC solid;
        width:90px;
        height:90px;
        padding:5px;
        float:left;
        margin-right:10px;
}
.post p{
       line-height:1.5em;
}
.post .category{
             clear:both; float:left;
             padding-top:20px;
             font-weight:bold;
}
.post .comments{
             float:right;
             padding-top:20px;
             font-weight:bold;
}
#footer{
        clear:both;
        background-color:#666;
        padding:10px 0;
        height:15px;
        font-size:0.9em;
        color:#FFF;
}
.footerwrapper{
             width:900px;
             margin:0 auto;
             text-align:left;
}
#footer a{
        color:#FFF;
}
#footer .left{
             float:left;
```

```
}
#footer .right{
           float:right;
}
```

（3）将其保存为网页文件。
（4）在浏览器中预览的效果如图 4-21 所示。

单元实践操作：制作环保公司网页

实践操作的目的

（1）认知并掌握 CSS 控制文本的常见属性。
（2）熟练应用 CSS 控制文本与图像实现常见的排版。

设计制作如图 4-23 所示的环保公司网页，操作要求及步骤如下。

图 4-23　环保公司主页最终效果

（1）创建站点。
（2）创建空白文档，将该网页保存在站点根目录下。
（3）创建 CSS 文档，将 CSS 文档链接至页面。
（4）使用 CSS 完成导航的制作。

(5) 使用 CSS 美化文本及图像。

(6) 保存网页,并浏览网页效果,完成表 4-30。

表 4-30 实践任务评价表

任务名称	制作环保公司网页			
任务完成方式	独立完成( )　　　　小组完成( )			
完成所用时间				
考核要点	任务考核 A(优秀)、B(良好)、C(合格)、D(较差)、E(很差)			
	自我评价(30%)	小组评价(30%)	教师评价(40%)	总评
使用 HBuilderX 编辑工具				
设计制作图文混排网页				
使用 CSS 控制和美化				
色彩搭配与布局合理				
网页完成整体效果				
存在的主要问题				

单 元 小 结

CSS 通过样式表来设置页面样式,根据样式表的声明位置分为内联样式表、内部样式表和外部样式表,其中内联样式表的层叠优先级最高。在 CSS 样式表中可以使用选择器为指定元素设置样式,常用选择器包括元素选择器、通配符选择器、属性选择器、ID 选择器、类选择器、包含选择器、群选择器、伪类选择器和伪元素选择器。同时需要掌握 CSS 的属性,包括背景、格式、列表、表格等,还需要重点掌握 HTML 的盒模型和布局方面的一些属性。

本单元涉及的知识较多,需要对 CSS 属性勤加练习,并且掌握选择器的用法。

单 元 习 题

一、单选题

1. CSS 利用( )HTML 标记构建网页布局。
   A. <dir>　　　　B. <div>　　　　C. <dis>　　　　D. <dif>
2. 外部式样式单文件的扩展名为( )。
   A. *.js　　　　B. *.dom　　　　C. *.htm　　　　D. *.css
3. CSS 的中文全称为( )。
   A. 层叠样式表　　　　　　　　B. 层叠表
   C. 样式表　　　　　　　　　　D. 以上都正确

4. 在CSS语言中"左边框"的语法是（　　）。
   A. border-left-width：<值>　　　　B. border-top-width：<值>
   C. border-left：<值>　　　　　　　D. border-top：<值>
5. 以下最合理的定义标题的方法是（　　）。
   A. <span class="heading">文章标题</span>
   B. <p><b>文章标题</b></p>
   C. <h1>文章标题</h1>
   D. <strong>文章标题</strong>
6. 下列选项中不属于CSS文本属性的是（　　）。
   A. font-size　　　　　　　　　　　B. text-transform
   C. text-align　　　　　　　　　　 D. line-height
7. 下列CSS属性能够设置盒模型的内补丁为10、20、30、40（顺时针方向）的是（　　）。
   A. padding：10px 20px 30px 40px　　B. padding：10px 1px
   C. padding：5px 20px 10px　　　　　D. padding：10px
8. CSS样式常放置在网页文档的（　　）元素中。
   A. head　　　　B. body　　　　C. table　　　　D. font
9. 如果一个元素外层套用了CSS样式，内层套用了HTML样式，起作用的是（　　）。
   A. CSS样式　　　　　　　　　　　 B. HTML样式
   C. 两种样式的混合效果　　　　　　D. 冲突，不能同时套用
10. 下列属性中能够设置盒模型的左侧外补丁的是（　　）。
    A. margin：　　B. indent：　　C. margin-left：　　D. text-indent：
11. 定义盒模型外补丁的时候（　　）使用负值。
    A. 可以　　　　B. 不可以
12. 在使用div定义宽度时，有时候表现出来的会比自己实际设置的宽度要宽，（　　）属性值会产生这种影响。
    A. cellpadding="10px"　　　　　　B. padding：10px
    C. margin：10px　　　　　　　　　D. cellspacing="10px"

二、简答题

1. CSS样式表有哪几种类型？
2. 常用的CSS选择器有哪些？
3. CSS背景图像的平铺方式有哪几种？
4. 元素可以向哪些方向进行浮动？

单元 5

网页元素综合练习

案例宏观展示引入

网页是互联网的应用的最小元素,网页利用页面元素传递信息。浏览器是网站开发人员与用户沟通交流的窗口。12306 售票的网页如图 5-1 所示。利用页面元素通过 CSS 科学合理地实现网页设计,网页既实现功能又美观。

图 5-1 12306 主页

本单元主要通过实例演示 CSS 属性如何显示 HTML 元素,如何使用 CSS 对网页中元素位置的排版进行像素级精确控制。

学习任务

- ☑ 掌握 CSS 浮动属性,以及显示属性和鼠标伪属性等。
- ☑ 掌握 CSS 平面属性。
- ☑ 掌握 CSS 立体属性。
- ☑ 掌握 CSS 动画属性。
- ☑ 能够使用 CSS 编写设置网页样式。

任务 5.1　无序列表的应用

任务描述

（1）掌握浮动属性。
（2）掌握 CSS 中 display 属性改变 HTML 中元素的显示样式的方法。
（3）熟悉无序列表的基本格式。

任务 5.1.1　水平导航栏的制作

1. 无序列表的应用

无序列表是 HTML 的基本元素，常用于水平和垂直导航、水平或垂直列表布局、图片或者 div 页面布局。通常无序列表 UL 在网页中显示为树状结构，其最常见的用途就是作为导航栏的菜单使用，通过 JavaScript 或 jQuery 可以生成弹出式快捷菜单。

2. CSS 制作水平导航

（1）float：会使元素沿着水平方向向左或者右移动（只能左右移动，不能上下移动），其周围的元素也会重新排列。一个浮动元素会尽量向左或向右移动，直到它的外边缘碰到包含框或另一个浮动框的边框为止。一个元素被设置成浮动属性后它后面的元素和当前元素的关系是四周环绕型，但是不会影响前面元素的位置。

（2）display：此属性设置一个元素应如何显示。可以通过 display 属性设置使一个块级元素按照内联元素的方法显示，也可以让一个内联元素按照块级元素的方式显示，当属性值为 none 时元素不可见。

（3）list-style：设置列表项前面的图形标记类型。

任务实例 5-1-1　利用无序列表制作水平导航栏

任务分析：①用无序列表生成水平导航内容，但每个列表项前面有图片并且水平显示；②利用 ul 标签的 list-style 属性去掉列表项前面的图片；③利用 li 标签的 float 属性将内容水平显示。

该案例的主要操作步骤如下。

（1）打开 HBuilder(X) 编辑软件，输入如下代码。

```
<!doctype html>
<html>
 <head>
  <meta charset='utf-8'>
  <title>水平导航</title>
  <style>
```

```css
*{
    margin:0;
    padding:0;
}
ul{
    list-style-type:none;
    margin:100px;
    text-align:center;
    font-size:10px;
}
li{
    float:left;         /*采用float:left;的方式制作水平导航,设置浮动属性
                          使列表项水平显示*/
    display:block;      /*对比 inline-block */
    width:80px;
    padding:10px;
    margin: 10px;
    background-color:black;
}
a:hover{
    color:blue;
    text-decoration:none;
}
a{
    color:white;
    text-decoration:none;
    display:block;
}
    </style>
</head>
<body>
  <p>水平导航</p>
  <hr>
  <ul>
      <li><a href="#">首页</a></li>
      <li><a href="#">新闻</a></li>
      <li><a href="#">产品</a></li>
      <li><a href="#">关于</a></li>
  </ul>
 </body>
</html>
```

（2）将其保存为网页文件。

（3）在浏览器中预览的效果如图5-2所示。

上述实例采用 float:left;的方式制作水平导航，也可以使用 display:inline-block 的方法实现水平导航制作，显示效果和上面代码相同，主要代码如下。

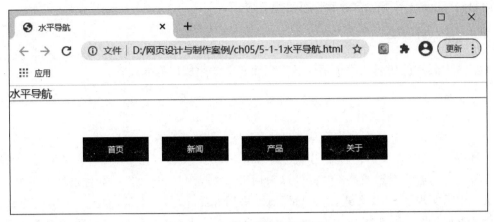

图 5-2　水平导航实现效果图

```
li{
    display:inline-block;   /*对比 block */
    width:80px;
    padding:10px;
    margin:10px;
    background-color:black;
}
```

对比上面两种方法可以看出，采用浮动属性 li 元素是块级显示，可修改宽、高、内外边距等属性，属性设置为 inline-block 时显示为内联块元素，同时表现为同行显示并可修改宽高内外边距等属性。这两种方法都可以实现无序列表水平显示。

同步练习

请参照上述任务实例，制作个人博客网页，导航内容包括基本情况、个人爱好和随笔等。

任务 5.1.2　商品列表制作

1. div

div 标签是一个块级标签，它可以将文档分割为独立的、不同的部分，并通过 CSS 放置到页面的指定位置上。

2. span

span 标签是一个行内标签，这个标签本身没有格式，只有通过 CSS 对它指定样式时，才会产生视觉上的变化。

3. transform 属性

transform 属性向元素应用 2D 或 3D 转换。该属性允许对元素进行旋转、缩放、移动或倾斜。transform 下包含的属性可以组合应用。

4. hover 伪属性

CSS 中元素的伪属性用于鼠标悬停到元素上产生相应的变化。

提示：

（1）在 HTML 源文件中，标签不区分大小写。

（2）CSS 文件中属性和值的写法用冒号分隔，用分号结束。

HTML 中添加<div>标签用于放置<ul>无序列表，<img>图片作为<li>列表项内包含的内容。根据图 5-3 内容可以采用 float 或者 display 将 li 中的内容水平显示，本实例中只实现了 float 方式，大家可以试着采用 display 实现本例，对比一下实现的效果有什么不同，进一步理解块级和行内元素的区别。另外，在设置元素间相对位置时，margin 和 padding 的使用也可以很好地帮助大家理解网页布局中盒模型的含义。

任务实例 5-1-2　商品列表

某电商网页面开发的项目，根据业务需求，需要将业务列表页面的每一个业务以卡片形式展示；同时为提升用户体验，要求实现每个卡片在鼠标经过时有旋转和放大效果。

任务分析：①在页面添加一个 div 作为所有商品的容器；②将图片作为无序列表的列表项内容；③将任务实例 5-1-1 中的图片水平显示；④给每个图片添加鼠标 hover 伪属性以及过渡效果。

该案例的主要操作步骤如下。

（1）打开已经安装的 HBuilder(X)编辑软件，输入如下代码。

```
<!doctype html>
<html>
    <head>
        <style>
            *{
                margin:0;            //容器间距离都设为 0
                padding:0;           //容器内部边距设为 0
            }
            .box{
                background:black;
                width:720px;
                height:220px;
                margin:20px auto;
            }
            ul{
                list-style-type:none;
                padding:20px 80px;
            }
            li{
                float:left;
```

```css
            display:block;
            width:180px;
            height:180px;
            margin:3px;
            background-color:#fff;
            text-align:center;
            border-radius:25px;
            overflow:hidden;
        }
        .box ul li p{
            padding:0px 15px;
            line-height: 50px;
            border-bottom:1px solid #ddd;
            font-weight: 600;
            color:#555;
        }
        .box ul li img{
            transition:3s;           //过渡属性,当鼠标在图片悬停时,设置的对应效果
                                      //会在相应时间完成
        }
        .box ul li img:hover{
            transform:scale(1.3,1.3) rotate(360deg);      //组合放大和旋转属性
        }
        .box ul li span{
            display:block;
            width:100%;              //span 行内元素,宽度设置为 100%,和 li 宽度相同
            height:50px;
            line-height:40px;
            transition:3s;
        }
        .box ul li span:hover{
            background-color:black;
            color:white;
            font-weight:600;
        }
    </style>
</head>
<body>
    <h1 align="center">商品列表</h1>
    <hr>
    <div class="box">
    <ul class="pic">
        <li>
            <img src='./images/01.png'>
            <p>平板电脑</p>
            <span>更多</span>
        </li>
        <li>
            <img src='./images/02.png'>
            <p>单反相机</p>
            <span>更多</span>
        </li>
```

```
            <li>
                <img src='./images/03.png'>
                <p>打印机</p>
                <span>更多</span>
            </li>
        </ul>
    </div>
</body>
</html>
```

（2）将其保存为网页文件。

（3）在浏览器中预览的效果如图 5-3 所示。

图 5-3　在浏览器中的显示效果

同步练习

请参照上述任务实例，制作手机商品网站，展示商品图片、名称及商品介绍等。

任务 5.2　平面六面体的制作

任务描述

（1）理解 transform 属性。

（2）熟练运用常见 transform 属性值，在浏览器中画出六面体。

（3）理解 3D 效果制作的原理。

（4）理解 perspective 的含义。

（5）熟练运用 rotate X，rotate Y 属性，在浏览器中画出 3D 效果的六面体。

任务 5.2.1　2D 六面体的制作

1. transform 属性

transform：none｜＜transform-function＞［＜transform-function＞］*，transform 属性向元素应用 2D 或 3D 转换。该属性允许对元素进行旋转、缩放、移动或倾斜。

none：表示不进行变换；＜transform-function＞表示一个或多个变换函数，以空格分开；换句话说就是可以同时对一个元素进行 transform 的多种属性操作，如 rotate（旋转）、scale（放大）、translate（移动）等操作时，要注意用空格分开。

2. skew 属性

skew(x,y) 使元素在水平和垂直方向同时扭曲（X 轴和 Y 轴同时按一定的角度值进行扭曲变形）；skewX(x) 仅使元素在水平方向扭曲变形（X 轴扭曲变形）；skewY(y) 仅使元素在垂直方向扭曲变形（Y 轴扭曲变形），这里要注意元素扭曲的 transform-origin（元素基点）位于元素中心。transform：skew(30deg,10deg) 的效果如图 5-4(a) 所示。

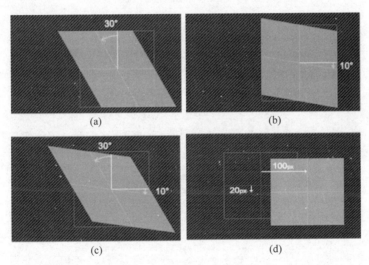

图 5-4　transform 各效果图

skewX 是使元素以其中心为基点，并在水平方向（X 轴）进行扭曲变形，同样可以通过 transform-origin 来改变元素的基点。transform：skewX(30deg) 的效果如图 5-4(b) 所示。

skewY 是用来设置元素以其中心为基点并按给定的角度在垂直方向（Y 轴）扭曲变形。同样可以通过 transform-origin 来改变元素的基点。transform：skewY(10deg) 的效果如图 5-4(c) 所示。

3. translate 属性

translate(＜translation-value＞[,＜translation-value＞])，通过矢量[x,y]指定一个 2D 移动方向，x 指水平方向的移动距离，y 指垂直方向的移动距离，当某个参数省略后在此方向的移动距离为 0，无论沿着那个方向移动元素，元素对应的 transform-origin 也会相应改变。translate(100px,20px)的效果如图 5-4(d)所示。

注意：

(1) 无论 translate 还是 skew 元素的变化都以 transform-origin 为基点。

(2) 本例中扭曲的角度以 30deg 和 10deg 为例，利用了直角三角形中 30deg 的原理。

任务实例 5-2-1　利用 2D 属性在网页中画出六面体

任务分析：①固定一个面作为参考面；②根据沿着 X 轴方向变形 X 轴长度不变，Y 轴方向变形，并沿着水平方向移动适当像素；③根据沿着 Y 轴方向变形 Y 轴长度不变，X 轴方向变形，并沿着垂直方向移动适当像素，这样就构成一个平面六面体。

该案例的主要操作步骤如下。

(1) 打开已经安装的 HBuilder(X)编辑软件，输入如下代码。

```html
<!doctype html>
<html>
    <head>
        <style>
            .wrapper{
                width:200px;
                height:200px;
                border:1px solid blue;
                margin:0 auto;
            }
            .one{
                width:100px;
                height:100px;
                background-color:yellow;
                float:left;
            }
            .two{
                width:100px;
                height:100px;
                background-color:paleturquoise;
                float:left;
                transform:translate(0px,30px) skew(0,30deg);    //平面沿 Y 轴转换、变形
            }
            .three{
                float:left;
                width:100px;
                height:60px;
                background:green;
                transform:translate(50px,0px) skew(60deg,0);    //平面沿 X 轴转换、变形
            }
        </style>
    </head>
```

```
    <body>
        <div class='wrapper'>
            <div class='one'></div>
            <div class='two'></div>
            <div class='three'></div>
        </div>
    </body>
</html>
```

（2）将其保存为网页文件。

（3）在浏览器中预览的效果如图5-5所示。

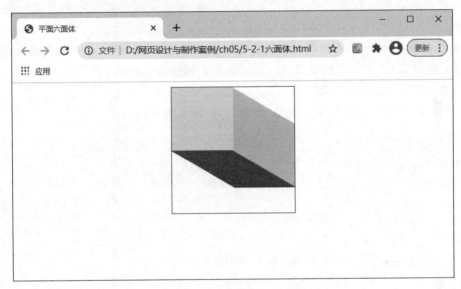

图5-5 在浏览器中的显示效果

📢 提示：

在平面化六面体中还存在其他的方法，无论采用哪种方法，其基本原理都是利用transform属性来实现的。

📓 同步练习

请参照上述任务实例，制作展示照片的正六面体。

任务5.2.2　3D六面体的制作

（1）perspective：属性定义3D元素距视图的距离，以像素计。该属性允许改变3D元素，查看3D元素的视图。当为元素定义perspective属性时，其子元素会获得透视效果，而不是元素本身。

（2）transform-style：属性规定如何在3D空间中显示被嵌套的元素。flat：默认，子元素不显示3D位置，看不到子元素。preserve-3d：子元素显示3D位置。

（3）rotateX 和 rotateY：元素围绕其 X 或者 Y 轴以给定的度数进行旋转。

（4）translateZ：沿着 Z 轴在三维空间中重新定位元素，即从观察者的角度而言更近或者更远。这个变换是由一个＜length＞元素定义的，它指定元素向内或向外移动的距离。

任务实例 5-2-2　利用 3D 属性在网页中画出 3D 效果的六面体

任务分析：①将六面体的六个面都放置到一个容器中，并将容器内包含的子元素显示属性设置为 preserve-3d 显示效果；②将装有六个面的容器放入固定属性的容器内，通过设置当前容器的 perspective 属性设定了 3D 元素距视图的距离；③六个面两两一组，分别作为六面体的三组面；④正对读者的前后面，通过沿着 Z 轴向内和外方向各移动 50px，因为设置六面体的每个面高度和宽度是 100px；⑤左右侧面通过将两个 div 分别沿着 Y 轴正向旋转 90°和负方向旋转 90°，同时沿着 Z 轴移动 50px；⑥上下两个面分别沿着 X 轴正方向旋转 90°和负方向旋转 90°，同时沿着 Z 轴移动 50px。

该案例的主要操作步骤如下。

（1）打开已经安装的 HBuilder(X)编辑软件，输入如下代码。

```
<!doctype html>
<html>
    <head>
        <style>
            .box{
                left:300px;
                top:100px;
                position:absolute;
                perspective:200px;
            }
            .container{
                transform-style:preserve-3d;
            }
            .slide{
                width:100px;
                height:100px;
                position:absolute;
                border:1px solid blue;
                left:50px;
                top:50px;
            }
            .one{
                transform:translateZ(50px);          //沿 Z 轴方向移动前后两面
            }
            .two{
                transform:translateZ(-50px);
            }
            .three{
```

```
                transform:rotateY(90deg) translateZ(50px);    //沿 Z 轴方向移动左右两面，
                                                              //并沿 Y 轴旋转
            }
            .four{
                transform:rotateY(-90deg) translateZ(50px);
            }
            .five{
                transform:rotateX(90deg) translateZ(50px);    //沿 Z 轴方向移动左右两面，
                                                              //并沿 X 轴旋转
            }
            .six{
                 transform:rotateX(-90deg) translateZ(50px);
            }
        </style>
    </head>
    <body>
        <div class="box">
            <div class="container">
                <div class="one slide">1</div>
                <div class="two slide">2</div>
                <div class="three slide">3</div>
                <div class="four slide">4</div>
                <div class="five slide">5</div>
                <div class="six slide">6</div>
            </div>
        </div>
    </body>
</html>
```

（2）将其保存为网页文件。

（3）在浏览器中预览的效果如图 5-6 所示。

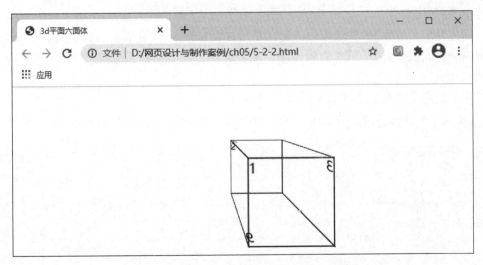

图 5-6　在浏览器中预览 3D 效果的六面体

☼ 注意：

（1）当为元素定义 perspective 属性时，其子元素都会获得透视效果（使用了 3D 变换的元素）。所以一般来说，perspective 属性都应用在父元素上，可以把这个父元素称为舞台元素，即本例中的 box。

（2）transform-origin 用来改变元素的原点位置，默认的取值是 center。

（3）想要实现一些 3D 效果时，transform-style：preserve-3D 是少不了的。一般而言，该声明应用在 3D 变换的兄弟元素们的父元素上，可以称其为容器，即本例中的 container。

📢 提示：

本例使用 translateZ 沿着 Z 轴方向向内或者向外移动 div。

📒 同步练习

请参照上述任务实例，制作 3D 效果的照片六面体。

任务5.3　旋转六面体的制作

➡ 任务描述

（1）理解 CSS3 中动画的含义。

（2）熟练运用@keyframes 属性，在浏览器中使 3D 六面体旋转。

在 CSS3 中利用新增的属性让页面内元素按照一定的规律运动。

（1）animation：可以让页面中指定的元素按照设定的方式"动"起来。

（2）@keyframes：设置动画的起始和结束样式的关键字。

（3）from{}to{}：{}设置样式起始和结束状态。

💬 任务实例 5-3-1　让上例中 3D 六面体在网页中旋转起来

任务分析：①由于 3D 效果的六面体是放置在容器中，因此我们可以直接悬着容器这个整体元素，容器内的子元素会和容器一起旋转；②定义动画；③用包含六个面的容器中调用动画。

该案例的主要操作步骤如下。

（1）打开已经安装的 HBuilder(X)编辑软件，输入如下 HTML 代码。

```
<!doctype html>
<html>
    <head>
        <style>
            .box{
                left:300px;
                top:100px;
                position:absolute;
```

```css
        perspective:200px;
}
.container{
  -webkit-transform-style: preserve-3d;
  -moz-transform-style: preserve-3d;
  -ms-transform-style: preserve-3d;
  transform-style:preserve-3d;
  transform: rotateX(-30deg) rotateY(30deg);
  animation: containerRotate 10s linear infinite alternate;
}
@-webkit-keyframes containerRotate
{
        0% {
        transform: rotateX(0deg) rotateY(0deg);
    }
    10% {
        transform: rotateX(0deg) rotateY(180deg);
    }
    20% {
        transform: rotateX(-180deg) rotateY(180deg);
    }
    30% {
        transform: rotateX(-360deg) rotateY(180deg);
    }
    40% {
        transform: rotateX(-360deg) rotateY(360deg);
    }
    50% {
        transform: rotateX(-180deg) rotateY(360deg);
    }
    60% {
        transform: rotateX(90deg) rotateY(180deg);
    }
    70% {
        transform: rotateX(0) rotateY(180deg);
    }
    80% {
        transform: rotateX(90deg) rotateY(90deg);
    }
    90% {
        transform: rotateX(90deg) rotateY(0);
    }
    100% {
        transform: rotateX(0) rotateY(0);
    }
}
@keyframes containerRotate {
        0% {
```

```
            transform: rotateX(0deg) rotateY(0deg);
        }
        10% {
            transform: rotateX(0deg) rotateY(180deg);
        }
        20% {
            transform: rotateX(-180deg) rotateY(180deg);
        }
        30% {
            transform: rotateX(-360deg) rotateY(180deg);
        }
        40% {
            transform: rotateX(-360deg) rotateY(360deg);
        }
        50% {
            transform: rotateX(-180deg) rotateY(360deg);
        }
        60% {
            transform: rotateX(90deg) rotateY(180deg);
        }
        70% {
            transform: rotateX(0) rotateY(180deg);
        }
        80% {
            transform: rotateX(90deg) rotateY(90deg);
        }
        90% {
            transform: rotateX(90deg) rotateY(0);
        }
        100% {
            transform: rotateX(0) rotateY(0);
        }
}

.slide{
  width:100px;
  height:100px;
  position:absolute;
  border:1px solid blue;
  left:50px;
  top:50px;
}
.one{
   transform:translateZ(50px);
}
.two{
   transform:translateZ(-50px);
}
.three{
transform:rotateY(90deg) translateZ(50px);
}
```

```
            .four{
             transform:rotateY(-90deg) translateZ(50px);
            }
            .five{
             transform:rotateX(90deg) translateZ(50px);
            }
            .six{
              transform:rotateX(-90deg) translateZ(50px);
            }
    </style>
  </head>
  <body>
    <div class="box">
      <div class="container">
        <div class="one slide">1</div>
        <div class="two slide">2</div>
        <div class="three slide">3</div>
        <div class="four slide">4</div>
        <div class="five slide">5</div>
        <div class="six slide">6</div>
      </div>
    </div>
  </body>
</html>
```

（2）将其保存为网页文件。

（3）在浏览器中预览的效果如图5-7所示。

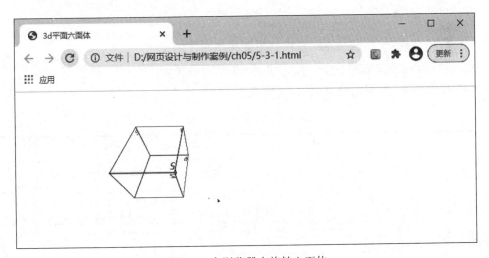

图5-7　在浏览器中旋转六面体

◁))提示：

　　动画必须和某个选择器进行绑定才能够产生动画效果，即动画是对网页内存在的元素颜色、位置、大小等样式发生变化的过程。

单元实践操作：使用 HBuilder(X) 制作网页

实践操作的目的

(1) 灵活运用 HTML 及 CSS 的制作网页。

(2) 掌握使用 HBuilder(X) 编辑网页文件的方法。

请参照本单元任务实例，实现如图 5-8 所示效果的网页，最上面是 Logo，接下来是页面水平导航，最下面是一幅图片，利用 CSS 布局来实现。

图 5-8　校园网页制作

操作要求及步骤如下。

(1) 使用 HBuilder(X) 编写网页文档。

(2) 应用导航栏、平移、旋转、鼠标悬停等知识制作网页。

(3) 利用 div 元素布局。

(4) 保存网页，并浏览网页效果，完成表 5-1。

表 5-1　实践任务评价表

任务名称	使用 HBuilder(X) 制作网页				
任务完成方式	独立完成（　　）		小组完成（　　）		
完成所用时间					
考核要点	任务考核 A(优秀)、B(良好)、C(合格)、D(较差)、E(很差)				
	自我评价(30%)	小组评价(30%)	教师评价(40%)	总评	
使用 HBuilder(X) 编辑工具					
水平导航制作					
div 布局效果					
正确使用标签及其属性					
色彩搭配是否合理					
网页完成整体效果					
存在的主要问题					

单 元 小 结

本单元介绍 HTML 基础知识和使用 CSS、CSS3 样式制作的网页文件。通过学习与实践,基本掌握 CSS、CSS3 常用属性的应用,盒子模型的意义,无序列表、float 属性在页面布局中的应用,熟练牢记常见元素、CSS 和 CSS3 含义与规则、网页的制作与设计灵活应用,才能制作出精美的网页。

单 元 习 题

一、单选题

1. 在 HTML 中,(　　)用来表示特殊字符引号。
   A. &reg　　　　　B. &copy　　　　　C. &quot　　　　　D.

2. 下面关于文件路径的说法错误的是(　　)。
   A. "../"是返回当前目录的上一级目录
   B. "../"是返回当前目录的下一级目录
   C. 访问下一级目录直接输入相应的目录名即可
   D. 文件路径指文件存储的位置

3. 下列选项中定义标题最合理的是(　　)。
   A. <span class="header">文章标题</span>
   B. <p><b>文章标题</b></p>
   C. <h2>标题</h2>
   D. <div>文章标题</div>

4. 关于引入样式的优先级说法正确的是(　　)。
   A. 内联样式＞！important＞内部样式＞外部样式＞！important
   B. ！important＞内联样式＞内部样式＞外部样式
   C. ！important＞内部样式＞内联样式＞外部样式
   D. 以上都不正确

5. 在 HTML 中,(　　)不属于 HTML 文档的基本组成部分。
   A. <STYLE></STYLE>　　　　　B. <BODY></BODY>
   C. <HTML></HTML>　　　　　D. <HEAD></HEAD>

6. 在 HTML 中,下列有关邮箱的链接书写正确的是(　　)。
   A. <A href="telnet:zhangming@aptech.com">发送邮件</A>
   B. <A href="mail:zhangming@aptech.com">发送邮件</A>
   C. <A href="ftp:zhangming@aptech.com">发送邮件</A>
   D. <A href="mailto:zhangming@aptech.com">发送邮件</A>

7. 在 HTML5 中,(　　)属性用于规定输入字段是必填的。
   A. readonly　　　　B. required　　　　C. validate　　　　D. placeholder
8. HTML5 的正确 doctype 是(　　)。
   A. <!DOCTYPE html>
   B. <!DOCTYPE HTML5>
   C. <!DOCTYPE HTML PUBLIC "">
   D. //W3C//DTD HTML 5.0//EN" "http://www.w3.org/TR/html5/strict.dtd">
9. 以下说法不正确的是(　　)。
   A. HTML5 标准还在制定中
   B. HTML5 兼容以前 HTML4 下浏览器
   C. <canvas>标签替代 Flash
   D. HTML5 简化语法
10. 设定一个元素按规定的动画执行,需要运用的规则是(　　)。
    A. animation　　　B. keyframes　　　C. flash　　　D. transition
11. 每段文字都需要首行缩进两个字的距离,该设置的属性是(　　)。
    A. text-transform　　　　　　　　B. text-align
    C. text-indent　　　　　　　　　　D. text-decoration
12. 下列关于 box-shadow 的说法正确的是(　　)。
    A. 设置文字投影
    B. 第 1 个值是设置水平距离的
    C. 第 2 个值是设置水平距离的
    D. 第 3 个值是设置投影颜色的
13. 设置盒子圆角的属性是(　　)。
    A. box-sizing　　　　　　　　　　B. box-shadow
    C. border-radius　　　　　　　　　D. border
14. 将 div 类名以'c'开头元素添加文字为红色,以下书写正确的是(　　)。
    A. div[class=^c]{color:red}　　　　B. div[class=$c]{color:red}
    C. div[class=c]{color:red}　　　　　D. div[class=*c]{color:red}
15. 在 HTML 中,通过(　　)可以实现鼠标悬停在 div 上时,元素执行旋转 45°效果。
    A. div:hover{transform:rotate(45deg)}
    B. div:hover{transform:tanslate(50px)}
    C. div:hover{transform:scale(1.5)}
    D. div:hover{transform:skew(45deg)};
16. 下列关于 flex 的说法正确的是(　　)。
    A. flex 属性用于指定弹性子元素如何分配空间
    B. flex:1 应该写在弹性元素上
    C. 设置 flex:1 无意义
    D. flex 是指设置固定定位

17. 让一个动画一直执行的属性是(　　)。
    A. animation-direction　　　　　　B. animation-iteration-count
    C. animation-play-state　　　　　　D. animation-delay
18. 以下不属于 background-clip 的值的是(　　)。
    A. border-box　　B. padding-box　　C. content-box　　D. none

二、简答题

1. 水平导航制作中 display 属性可以取哪些值实现无序列表水平显示的样式？
2. 叙述页面中 div 分别沿着 X 轴、Y 轴和 Z 轴旋转的图形变化的特征。
3. 叙述动画的创建和调用过程。

单元 6

JavaScript 基础

案例宏观展示引入

　　JavaScript(简称 JS)是一种具有函数优先的轻量级解释型或即时编译型的编程语言。虽然它是作为开发 Web 页面的脚本语言而出名的,但是它也被用到了很多非浏览器环境中,JavaScript 基于原型编程、多范式的动态脚本语言,并且支持面向对象、命令式和声明式风格。一些注册页面的实现就是用 JavaScript 实现的,其特点是代码简单、功能完整,如图 6-1 所示。

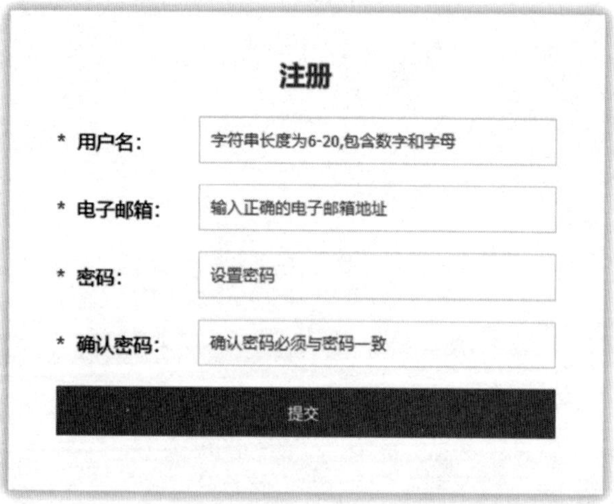

图 6-1　JavaScript 注册页面

　　本单元主要介绍 JavaScript 基础知识、JavaScript 基本语法及结构,使用 JavaScript 解决问题,让读者对 JavaScript 代码有一个初步认识,能看懂基本的 JavaScript 代码。

学习任务

- ☑ 理解 JavaScript 的概念。
- ☑ 掌握 JavaScript 基本语法。
- ☑ 掌握 JavaScript 基本结构及其使用方法。
- ☑ 灵活应用 JavaScript。

任务6.1 认识JavaScript

> **任务描述**

(1) 了解JavaScript的特点。
(2) 理解JavaScript的语法及书写规则。
(3) 掌握常用的关键字。
(4) 掌握数据的基本类型。
(5) 掌握运算符及应用。

JavaScript 最初由 Netscape 的 Brendan Eich 设计。JavaScript 是甲骨文公司的注册商标。Ecma 国际以 JavaScript 为基础制定了 ECMAScript 标准。JavaScript 也可以用于其他场合,如服务器端编程。完整的 JavaScript 实现包含三个部分:ECMAScript、文档对象模型、浏览器对象模型。

任务6.1.1 JavaScript的特点

JavaScript 是一种属于网络的脚本语言,已经被广泛用于 Web 的应用开发,常用来为网页添加各式各样的动态功能,为用户提供更流畅美观的浏览效果。通常,JavaScript 脚本是通过嵌入在 HTML 中来实现自身的功能的。

JavaScript 有以下四个特点。

(1) JavaScript 是一种解释性脚本语言(代码不进行预编译)。
(2) JavaScript 主要用来向 HTML 页面添加交互行为。
(3) JavaScript 可以直接嵌入 HTML 页面,但写成单独的 js 文件有利于结构和行为的分离。
(4) JavaScript 有跨平台特性,在绝大多数浏览器的支持下,可以在多种平台下运行(如 Windows、Linux、MacOS、Android、iOS 等)。

JavaScript 和其他众多脚本语言一样可以使用任何一个文本编辑器,如 Windows 记事本。本书中采用的是开源软件 notePad++、editplus 等,有时项目操作需要也可以采用集成开发环境(IDE)编写程序。

任务6.1.2 JavaScript的语法

JavaScript 是一种解释型的脚本语言。C、C++等语言先编译后执行,而 JavaScript 是在程序的运行过程中逐行进行解释。同时,JavaScript 是一种基于对象的脚本语言,它不仅可以创建对象,还能使用现有的对象。Java 和 JavaScript 的语法特性相似,但也有不同之处。比如,JavaScript 语言中采用的是弱类型的变量类型,对使用的数据类型未做出严格的要求。此外,JavaScript 区分大小写,与 Java 一样,变量、变量名、运算符及其他一切元素都是区分大小写的。JavaScript 是基于 Java 基本语句和控制的脚本语言,其设计简单紧凑。

(1) 在 JavaScript 的每一条语句后面都要加上分号，表示当前语句结束。

```
alert("欢迎来到 JavaScript 世界");
```

(2) 在 JavaScript 语句中要用英文状态输入所有的关键字和符号。

```
alert("你好 JavaScript");      //正确
alert("你好 JavaScript")；     //双引号是中文标点符号运行时出错，无法识别
```

(3) 在 JavaScript 中区分大小写。

```
Alert 与 alert 是不同的!!
```

编写一个 JavaScript 程序，JavaScript 在 HTML5 中的书写位置在 <scirpt></script> 标签中，代码如下。

```html
<!doctype html>
<html>
    <head>
        <meta charset="utf-8">
        <title></title>
    </head>
    <body>
        <script>
            console.log("JavaScript 第一个程序");      //控制台输出双引号内的内容
        </script>
    </body>
</html>
```

保存代码，用 Chrome 浏览器打开文件，按 F12 键，打开调试控制台，可以看到控制台中输出的字符串，如图 6-2 所示。

图 6-2　JavaScript 运行结果

任务 6.1.3　JavaScript 的关键字

JavaScript 的关键字是指在 JavaScript 语言中有特定含义的成为 JavaScript 语法中一部分的那些字。JavaScript 的关键字是不能作为变量名和函数名使用的。使用 JavaScript 的关键字作为变量名或函数名，会使 JavaScript 在载入过程中出现编译错误。在 JavaScript 中常用的关键字有 break、case、catch、continue、default、delete、do、else、finally、for、function、if、in、Instance of、new、return、switch、this、throw、try、typeof、var、 void、while、with。

任务 6.1.4　JavaScript 的变量

变量在程序设计中用于"指代"数据类型中的数据,用于存储程序中变化的数据,供程序运行临时使用。也就是说,在计算机内存中开辟一块空间,临时存储数据。变量是存储信息的"代言人"。

1. 变量的命名

JavaScript 中的命名规则必须符合"标识符命名规则":只能由字母、数字、下画线和 $ 符号构成,不能由数字开头。根据这个规则,下面变量的命名都是合法的。

```
Abc    _abc    $abc    a_bc    a_9
```

虽然上面的变量都是合法的,但是在实际应用中没有意义。有经验的开发者都会用有意义的英文单词或者字母组合,如 studentScore,这种命名方法称为"驼峰命名法",即多个单词组合的变量名,第一个单词的首个字母小写,后面所有单词的首个字母都是大写。

2. 变量的定义和赋值

JavaScript 中用关键字 var 定义变量,例如:

```
var  a=3;                //定义并赋值变量或者定义变量分为两个语句   var a;   a=3;
console.log(a);          //在控制台输出变量名称为 a 的值
```

在 JavaScript 中如果同时定义多个变量时,变量名间用逗号(,)分隔开。

```
var  a,b,c;
```

或者

```
var a=2,b=4,c;
```

任务 6.1.5　JavaScript 的数据类型

1. JavaScript 的基本数据类型

在 JavaScript 中,数据类型表示数据的类型,声明变量时无须指定变量的数据类型。JavaScript 变量的数据类型是解释时动态决定的。但是 JavaScript 的值保存在内存中,也是数据类型的。JavaScript 的基本数据类型如下。

(1) 数值类型。与强类型语言如 C、Java 不同,JavaScript 的数值类型包含整数、小数,以及特殊值 NaN(Not a Number 不是一个数字,但是它是数字类型,可以理解为计算错误)和 infinity 统一称为 number 类型。

```
var a=123;
var b=0.5;
var c=3e2;
```

（2）字符串类型。JavaScript 的字符串必须用引号括起来，此处的引号既可以是单引号，也可以是双引号。

```
var a = "123";
var a = '123';
```

引号是字符串的定届符，数字 123 和字符串"123"在语义上是不一样的，123 表示大小意义的数量，而"123"表示一定含义的字符串；"+"在数值型运算时表示把两个数字加起来，在字符串中表示把连个字符串连接起来。

注意：

JavaScript 和 Java 中的字符串主要有两点区别：JavaScript 中的字符串可以用单引号括起来；JavaScript 中比较两个字符串的字符序列是否相等时使用 == 即可，无须使用 equals()方法。

（3）布尔类型。布尔类型只有两个值：true 和 false。true 为真，满足条件；false 为假，不满足条件。true 和 false 本身就是数值，不能加引号，如果添加引号就被作为字符串使用。

（4）undefined 类型。一个没有被赋值的变量的默认值是 undefined，undefined 值的类型是 undefined，该值用于表示某个变量不存在，或者没有为其分配值，也用于表示对象的属性不存在。

2. JavaScript 类型判断

typeof 一元运算符用来返回操作数类型的字符串。typeof 用于获取一个变量或者表达式的类型，typeof 一般只能返回如表 6-1 所示的值。

表 6-1 typeof 返回值

数　　值	类　　型	typeof 返回结果
5　12.1	number	Number
"5"　"JavaScript"	String	String
true　false	Boolean	boolean
var a　undefined	undefined	undefined

3. 类型转换

在 JavaScript 中，可以通过类型转换的方法来得到想要的类型，常用的类型转换方法有以下五种。

（1）转换为字符串，其格式为 String()。此方法可将括号内的数字、字母、变量及表达式转换为字符串类型，如图 6-3 所示。

（2）转换为数值类型，其格式为 Number()。此方法可将括号内的数字类型字符变量转换为数值类型。其他类型强制转换时返回结果是 NaN,如图 6-4 所示。

```
> var num=18;typeof num;
< "number"
> typeof String(num)
< "string"
>
```

图 6-3 String 类型转换

```
> var str1='123',str2='abc';
< undefined
> Number(str1)
< 123
> Number(str2)
< NaN
>
```

图 6-4 Number 类型转换

（3）转换为浮点型,其格式为 paresFloat()。
（4）转换为整型,其格式为 paresInt()。
（5）转换为布尔型,其格式为 Boolean()。Boolean 型只有 true 和 false 两个值,非零为 true,零为 false,即非零即真。

任务 6.1.6 JavaScript 运算符

1. 赋值与算数运算符

算数运算符如表 6-2 所示。

表 6-2 算数运算符

运算符	描述	示例
=	将某个值赋值给一个变量,从右向左运算	x=3 即 x 的值为 3
+	加法运算,意义同数学计算	x=2+3,x 的值为 5
-	减法运算,意义同数学计算	x=5-2,x 的值为 3
*	乘法运算,意义同数学计算	x=2*3,x 的值为 6
/	除法运算,意义同数学计算	x=6/2,x 的值为 3
%	取余运算,求被除数除以除数的余数	x=5/2,x 的值为 1
+=	加赋值运算	x+=2,相当于 x=x+2
-+	减赋值运算	x-=2,相当于 x=x-2
*=	乘赋值运算	X*=2,相当于 x=x*2
/=	除赋值运算	X/=2,相当于 x=x/2
%=	取余赋值运算	X%=2,相当于 x=x%2
++	自增运算,在当前值的基础上增加 1	++x 或 x++
--	自减运算,在当前值的基础上减少 1	--x 或者 x--

在使用运算符时务必在操作符的前后各留一个空格,在使用一元运算符++或--时,需注意++或--放置的位置。如果++或--放置在变量之前,那么变量需先自增1或自减1之后再进行运算。若++或--放置在变量之后,那么系统将会使用变量的原始值进行运算,运算之后再自增1或自减1。

2. 比较运算符

比较运算符用来比较值的关系,比较运算符的运算结果非真即假,即一定是布尔型。比较运算符如表6-3所示。

表6-3 比较运算符

运算符	描述	示例
==	判断符号两端的值是否相等	a==b,判断a,b的值是否相等
===	判断符号两端的值是否相等且类型是否相等	a===b,判断a,b的类型和值是否同时相等
!=	不等于	a!=b,当a不等于b返回true否则false
>	大于	a>b,当a大于b返回true
>=	大于或等于	a>=b,当a大于或等于b返回true
<	小于	a<b,当a小于b返回true
<=	小于或等于	a<=b,当a小于或等于b返回true

3. 逻辑运算符

逻辑运算一般和比较运算联系到一起,逻辑运算符(见表6-4)的运算优先级低于比较运算,因此在如下关系表达式中不需要加括号:3>4 && 5>4。

表6-4 逻辑运算符

运算符	描述	示例
&&	与或者且	true && true 结果为 true
||	或	true||false 结果为 true
!	非	!true 结果为 false

4. 条件运算符

条件运算符用于基于条件的赋值运算。其表达式如下。

```
条件表达式? 值1: 值2;
```

其运算过程为:先计算表达式的值,若计算结果为true,则返回值1,否则返回值2。

5. 运算优先级

当多个运算符并列于同一个表达式中时,运算符之间具有优先级顺序。运算优先级的规则如下。

```
算术运算符> 比较运算符> 逻辑运算符> 赋值运算符
```

任务实例6-1-1 利用上面所学运算符解决实际问题

请利用JavaScript将输入的摄氏温度转化为华氏温度:华氏温度=9/5×摄氏温度+32。

任务分析:①通过输入对话框接收用户输入;②对话框接收到用户输入是字符串类型,将字符串类型转换为数值类型;③利用温度转换公式进行计算;④调用数学函数Math.round()方法将结算结果四舍五入保留整数。

该案例的主要操作步骤如下。

(1) 打开已经安装的HBuilde(X)编辑软件,在页面任意位置添加<script>标签,并输入如下JavaScript代码。

```
<script>
    var p=Number(prompt("输入摄氏温度"));    //接收用户输入摄氏温度,把string类
                                            //型转换为number类型
    d=9/5*p+32;
    d=Math.round(d*10)/10;                   //结果四舍五入
    alert("华氏温度是: "+d);
</script>
```

(2) 将其保存为网页文件。
(3) 在浏览器中运行的效果如图6-5所示。

图6-5 输入摄氏温度转换为华氏温度运算效果

同步练习

计算四位数各个数位的和。例如,数字1234,各个数位的和=1+2+3+4。

任务6.2 JavaScript的结构

任务描述

(1) 掌握分支结构及应用。
(2) 掌握循环结构及应用。

任务6.2.1 分支结构

在JavaScript中,分支与循环结构是必不可少的语法部分,其中分支结构包括if-else

条件判断语句、switch 选择语句。if 语句表示判断,在程序运行时可提供判断功能。

1. if 语句

只有当指定条件为 true 时,该语句才会执行代码。其语法格式如下。

```
if(条件)
{
语句组;
}
```

任务实例 6-2-1　通过年龄判断是否是成年人（age>18 即是成年人）

任务分析:①通过输入对话框接收用户输入;②对话框接收到用户输入是字符串类型,将字符串类型转化为数值类型;③age>18,输出"成年人"提示。

该案例的主要操作步骤如下。

(1) 打开已经安装的 HBuilde(X) 编辑软件,在页面任意位置添加<script>标签,并输入如下 JavaScript 代码。

```
<script>
    //接收age,把string类型转换为number类型
    var age=Number(prompt("输入年龄整型数字"));
    if(age>=18)
    alert("年龄是："+age+"成年人了!");
</script>
```

(2) 将其保存为网页文件,查看运行结果。

2. if-else 语句

if-else 语句在条件为 true 时执行语句组 1,在条件为 false 时执行语句组 2。其语法格式如下。

if 后面的条件一般来说是一个计算结果为布尔类型的表达式,如果计算结果为 true 则执行第一个花括号里面的语句组,如果结果为 false 则执行第二个花括号里面的语句组。语句组 1 和语句组 2 中仅有一组会被执行。

```
if(条件)
{
    语句组 1;
}
else
{
    语句组 2;
}
```

任务实例6-2-2　判断登录是否成功

制作登录界面,当用户名为"admin"且 pwd 为"123"时,弹出"登录成功",否则弹出"登录失败"的提示。

任务分析:本实例是 if-else 语句经典案例,根据字符串比较运算的结果决定执行的操作,当用户名字符串相等时输出"登录成功",不相等时输出"登录失败"。①输入对话框接收用户输入字符串并赋值给变量 name 和 pwd;②if-else 语句判断用户名和密码是否相等,相等提示"登录成功";否则提示"登录失败"。

该案例的主要操作步骤如下。

(1) 打开已经安装的 HBuilde(X)编辑软件,在页面任意位置添加<script>标签,并输入如下 JavaScript 代码。

```javascript
<script>
    //接收用户输入
    var name=prompt("请输入用户名");
    var pwd=prompt("请输入密码");
    //分支结构
    if (name=='admin' & pwd=="123")
        alert('登录成功');              //条件为真,输出登录成功
    else
        alert('登录失败');              //条件为假,输出登录失败
</script>
```

(2) 将其保存为网页文件,查看运行结果。

3. if-else-if-else 语句

if-else-if-else 语句的语法格式如下。

```
if(条件 1){
    语句组 1;
}
else if(条件 2){
    语句组 2;
}
...
else if(条件 n){
    语句组 n;
}
else {
        语句组 n+1;
}
```

任务实例6-2-3　判断成绩等级

用户输入学生成绩,根据成绩评定等级:0＜score＜59,不及格;60≤score＜75,及格;75≤score＜85,良好;85≤score＜100,优秀。

任务分析:①用变量score接收输入对话框中的数字类形字符串,并将字符串类型转化为数值类型进行条件判断;②使用if-else-if-else语句匹配相应的运算结果,执行相对应的语句组;③在本语句中要注意找到匹配的条件,执行对应的语句后,即结束了当前语句的执行,不会继续向下匹配其他条件。

该案例的主要操作步骤如下。

(1) 打开已经安装的HBuilde(X)编辑软件,在页面任意位置添加＜script＞标签,并输入如下JavaScript代码。

```
<script>
    var score=Number(prompt("请输入分数"));
    //多分支结构
    if (score>=85)
        alert('优秀');                //分数大于或等于85输出优秀
    else if(score>=75)
        alert('良好');                //分数小于85且大于或等于75输出良好
    else if(score>=60)
        alert('及格');                //分数大于等于60且小于75输出及格
    else
        alert('不及格');              //分数小于60输出不及格
</script>
```

(2) 将其保存为网页文件,查看运行结果。

注意:

if-else-if-else多分支中可以有多个else-if,else语句必须放到最后,也可以省略不写。

4. if嵌套语句

if嵌套的语法格式如下。

```
if(条件){
    if(条件){
        语句组1;
        }
    else{
        语句组2;
        }
    }
else{
    if(条件){
        语句组3;
```

```
        }
    else{
        语句组 4;
        }
    }
```

任务实例 6-2-4　判断某人是否达到法定婚姻年龄

例如,婚姻登记处根据身份证判断是否符合法定结婚年龄,法律规定男性年龄大于等于 22 周岁、女性年龄大于等于 20 周岁达到法定结婚年龄。

任务分析:在分析这个问题时,首先判断性别是男还是女,如果是男,判断其年龄是否大于等于 22 周岁;如果是女,判断其年龄是否大于或等于 20 周岁。①首先接收用户输入并将其赋值给对应变量 sex(性别)和 age(年龄);②然后先判断性别,根据不同性别判断法定结婚年龄;③根据性别判断是否达到法定结婚年龄。

任务实施

该案例的主要操作步骤如下。

(1) 打开已经安装的 HBuilde(X)编辑软件,在页面任意位置添加<script>标签,并输入如下 JavaScript 代码。

```
<script>
    var sex=prompt("请输入性别男或女");
    var age=Number(prompt('请输入年龄'));
    //分支嵌套
    if(sex=='男')
        {                           //性别为男性判断年龄是否大于或等于 22 周岁
        if(age>=22)
            alert("达到法定年龄,可以申请结婚了");   //年龄大于或等于 22 周岁
        else
            alert("未达到法定年龄");
        }
    else                            //性别为女性判断年龄是否大于或等于 20 周岁
        {
        if(age>=20)
            alert("达到法定年龄,可以申请结婚了");   //年龄大于或等于 20 周岁
        else
            alert("未达到法定年龄");
        }
</script>
```

(2) 将其保存为网页文件,查看运行结果。

5. switch 语句

JavaScript 中还提供了另外一种结构,switch 语句表示多个条件选择,首先设置表达

式 n（通常是一个变量），随后表达式的值会与结构中的每个 case 的值做比较。如果存在匹配，则与该 case 关联的语句组会被执行。必须使用 break 来阻止代码自动地向下一个 case 运行。在这里需要注意，在一般情况下，每一个 case 需要有 break 结尾，否则程序将继续执行后面 case 所对应的语句组。

switch 语句的语法格式如下。

```
switch(n)
{
    case 1:
      语句组 1;
      break;
    case 2:
      语句组 2;
      break;
    ...
    default:
      语句组 n;
}
```

任务实例 6-2-5 根据输入数字判断是星期几

任务分析：根据数字填写相应的星期属于多选一问题，可以使用 if-else-if-else 多分支或者 switch 多分支语句。①接收用户输入数字类型字符串并转化为数值类型，赋值给变量 week；②用变量 week 去匹配 case 后面的值，匹配成功执行相应的语句，然后 break，结束 switch 语句。

该案例的主要操作步骤如下。

（1）打开已经安装的 HBuilde(X) 编辑软件，在页面任意位置添加 <script> 标签，并输入如下 JavaScript 代码。

```
<script>
    var week=Number(prompt('请输入 0-6 数字'));
    //switch
    switch(week){
        case 0:alert("Sunday");break;      //符合对应值所执行的语句,然后结束
                                           //switch 语句
        case 1:alert("Monday");break;
        case 2:alert("Tuesday");break;
        case 3:alert("Wednesday");break;
        case 4:alert("Thursday");break;
        case 5:alert("Friday");break;
        case 6:alert("Saturday");break;
        default:alert("输入数字错误");
    }
</script>
```

（2）将其保存为网页文件，查看运行结果。

switch 分支语句和多分支语句的区别是：switch 括号里只能是一个值而不是一个条件表达式，这个值依次与 case 后面的值对比，符合条件执行相应的语句。另外，case 后面的语句执行完后不会自动结束 switch 语句，需要借助于 break；否则会将继续与后面的 case 值全部匹配一遍。

📔 同步练习

输入三角形的三个边长，判断是否能够形成三角形。

任务 6.2.2 循环结构

1. for 循环

如果需要一遍又一遍地运行相同的代码，并且每次的值都不同，就要用到循环。循环的语法格式如下。

```
for(语句1;语句2;语句3)
{
    语句组;
}
```

例如，需要计算 1~10 的和，"加"这个动作会被重复执行，像这种需要多次执行重复的代码时，将会用到 for 循环，代码示例如下。

```
for(var i=1;i<=10;i++){
  sum+=i;
}
```

for 循环的执行过程如下：首先会执行 var i=1，i 被称为循环变量，把循环变量赋值为 1 作为循环的初始条件；接下来会执行判断语句 1<=10，如果满足条件去执行 sum+=i，然后去执行 i++；接下来继续执行循环，程序继续判断 i<10 是否为真，如果为真执行 sum+=i，然后执行 i++，直到 i=11 时，i<10 为假，此时循环结束。

i++ 语句用于修改循环条件，也可每次修改为 i+=2 等，根据实际情况设定循环变量的变化，i 不断变化，for 循环才能结束，否则会变成死循环。for 循环完整代码示例如下。

```
<script>
    var sum=0;
    for(var i=0;i<=10;i++)
      sum+=i;
    console.log("sum="+sum);
</script>
```

循环的嵌套是指循环执行的语句组中又包含了循环语句，解决一些复杂问题时，可能会使用两层或者多层的循环语句，每层循环都会按照循环的原理执行，最常见的应用有二维数组的遍历、数组的排序问题等。循环次数等于外层循环次数乘以内层循环次数。通过下面的代码可简单演示二层循环的原理。

```
<script>
    for(var i=0;i<=3;i++)              //外层循环变量 i 变化一次,执行一遍内层循环
        for(var j=0;j<2;j++)           //内层循环变量 j
            console.log("i="+i," j="+j);   //打印 i 和 j 的值验证循环次数计算
</script>
```

循环嵌套运行结果如图 6-6 所示。

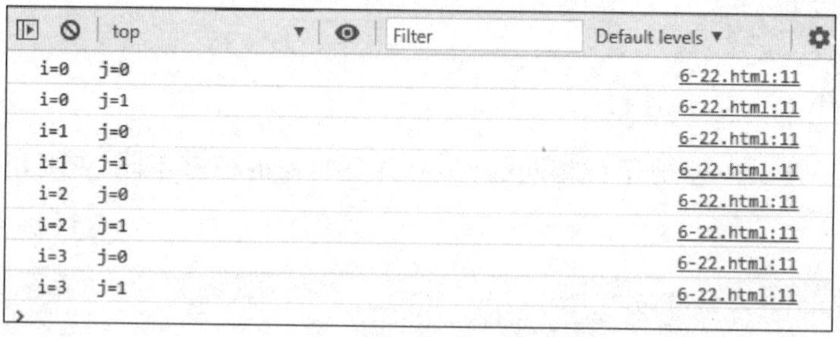

i=0	j=0	6-22.html:11
i=0	j=1	6-22.html:11
i=1	j=0	6-22.html:11
i=1	j=1	6-22.html:11
i=2	j=0	6-22.html:11
i=2	j=1	6-22.html:11
i=3	j=0	6-22.html:11
i=3	j=1	6-22.html:11

图 6-6 验证循环嵌套执行次数运行结果示例

任务实例 6-2-6　打印水仙花数

水仙花数是一个 3 位数,各个数位上的数字的立方和等于这个数本身。例如:153 就是一个水仙花数,$153=1^3+5^3+3^3$。

任务分析:首先寻找水仙花数的范围为 100~999,而且要把每个三位数拆成三个数字,最后计算对比,采用手工计算实现的工作量非常大,但是采用循环就可把复杂问题简单化了。①利用循环确定 100 到 999 间的数;②每次循环中将数拆成三个数字,各个数字求 3 次方的和与原数比较,如果相等就是水仙花数,否则不是。

该案例的主要操作步骤如下。

(1) 打开已经安装的 HBuilde(X)编辑软件,新建 HTML 文件,在页面任意位置添加<script>标签,并输入如下 JavaScript 代码。

```
<script>
    for(var i=100;i<=999;i++)              //在 100~999 寻找水仙花数
    {
        var x=i%10;                         //获取个位数
        var y=parseInt(i/10)%10;            //获取十位数
        var z=parseInt(i/100)%10;           //获取百位数
        if(i==Math.pow(x,3)+Math.pow(y,3)+Math.pow(z,3))//计算各个位数字立方
                                                        //和与 i 是否相等
            console.log("水仙花数: "+i);
    }
</script>
```

(2) 将其保存为网页文件,查看运行结果。

同步练习

寻找 1~100 中的质数,质数也称素数,是指只有 1 和它本身能够被它整除的数,如 2、3、5、7、11 等。

2. for in 循环

语句用于遍历数组或者对象的属性(对数组或者对象的属性进行循环操作)。for in 循环中的代码每执行一次,就会取出对象的一个属性。其语法如下。

```
for (变量 in 对象)
{
    语句组;
}
```

任务实例 6-2-7　创建一个汽车品牌的数组并遍历

任务分析:①利用 Array()创建数组 mycars;②初始化数组;③用 for in 循环遍历数组并输出(循环中变量是对象属性,而不是对应的值)。

该案例的主要操作步骤如下。

(1) 打开已经安装的 HBuilde(X)编辑软件,新建 HTML 文件,在页面任意位置添加<script>标签,并输入如下 JavaScript 代码。

```
<script type="text/javascript">
    var x;
    var mycars = new Array();
        mycars[0] = "Saab";
        mycars[1] = "Volvo";
        mycars[2] = "BMW";
    for (x in mycars)
    {
        document.write(mycars[x] + "<br />");
    }
</script>
```

(2) 将其保存为网页文件,查看运行结果。

3. while 循环

while 循环也是一种循环结构,比 for 循环更加直观。while 循环的语法格式如下。

```
while(条件){
    语句组;
}
```

任务实例 6-2-8　打印数字 1~5

任务分析：①首先在循环的外面初始化循环变量 i；②判断循环条件，符合条件进入循环内，执行打印操作；③在循环内部修改循环条件，重复②直到循环结束。

该案例的主要操作步骤如下。

（1）打开已经安装的 HBuilde(X)编辑软件，新建 HTML 文件，在页面任意位置添加＜script＞标签，并输入如下 JavaScript 代码。

```
<script>
    var i=1;                          //循环初始条件
    while(i<=5)                       //循环继续执行条件判断
    {
        console.log("i="+i);          //循环体
        i++;                          //修改循环条件
    }
</script>
```

（2）将其保存为网页文件，查看运行结果。

任务实例 6-2-9　猜数字小游戏

随机生成 1~30 中一个数字，用户猜这个数字是什么，当猜测后计算机后给用户提示"你输入的数字太大了"或者"你输入的数字太小了"，直到猜到正确的数字。

任务分析：首先利用随机函数生成一个数字，并将数字转化为整数；然后在循环内部不断接收用户输入数字，注意要转化为数值类型，并与随机数比较，最后当用户输入的数据与随机数相等时利用 break 结束循环。①Math.random() * 31 函数生成 0~31 的数，parseInt()方法将小数转换为整数；②用 if-else-if-else 语句匹配符合条件的数字。

该案例的主要操作步骤如下。

（1）打开已经安装的 HBuilde(X)编辑软件，在页面任意位置添加＜script＞标签，并输入如下 JavaScript 代码。

```
<script>
    var i=parseInt(Math.random()*31)+0;     //随机生成 1~30 的数字
    while(true)
    {
        var r=Number(prompt(''请用户输入数字));
        if (r>i)
        alert('你输入的数字太大了');           //输入的数字大于随机数
        else if(r<i)
        alert('你输入的数字太小了');           //输入的数字小于随机数
        else
        {
            alert('恭喜你,猜对了!');           //输入的数字等于随机数
            break;
```

```
        }
    }
</script>
```

(2) 将其保存为网页文件,查看运行结果。

4. do-while 循环

do-while 是后测试型循环,与 for 或者 while 循环的每次都是先判读是否符合条件然后才去执行循环体不同,do-while 循环是先执行循环体,然后测试条件是否符合。do-while 循环的语法格式如下。

```
do{
    语句组;
}
while(条件);
```

这就意味着即使条件不满足也会执行一次。

同步练习

寻找 1~100 中能被 5 整除并且除以 6 余 1 的数。

5. break 和 continue

在使用循环时需要注意,如果循环条件永为真,那么就会形成死循环,需要配合使用 break 来跳出整体循环。通过 break 语句可以控制循环过程,除 break 之外,continue 语句也可以控制循环过程。break 语句与 continue 语句的区别如下。

(1) break 语句用于跳出循环。

(2) continue 语句用于跳出当前循环,继续执行下次循环。

同步练习

应用 continue 寻找 1~100 中的质数,并输出。

任务 6.3 JavaScript 数组

任务描述

(1) 掌握数组的定义。

(2) 熟练数组的遍历。

(3) 掌握数组的应用。

任务 6.3.1　数组的定义

数组就是一组数的集合，在内存（堆内存）中表现为一段连续的内存地址。创建数组最根本的目的就是保存更多的数据。如果要使用一个数组，就需要先定义一个数组。在 JavaScript 中提供以下两种定义数组的方法。

（1）使用 new 关键字创建一个 Array 对象，通过 new 关键字直接在内存中创建一个数组空间，然后再向数组内添加元素。例如：

```
var arr1 = new Array();         //使用new关键字定义一个空数组 arr1
var arr1 = new Array(3);        //使用new关键字定义一个 长度为 3 的数组
```

根据以上方法，还可以在创建数组时直接赋初始值。例如：

```
var arr1 = new Array("abc","bcd","cde");  //在定义数组的同时，直接对数组进行初始化
```

（2）也可以不用 new 关键字，直接使用[]声明一个数组，并将其赋以初始值。例如：

```
var arr1 =["abc","bcd","cde"];
```

任务 6.3.2　数组的操作

1. 数组的遍历

数组的遍历是指依次读取数组中的元素。

使用 for 循环可以实现数组遍历。数组下标索引是一组有序数的特征，可以通过 length 属性获取数组的长度，最后在循环体内读取数组元素。其主要运行代码如下。

```
<script>
    var arr=[3,1,5,4,7];            //初始化数组
    for(i=0;i<arr.length;i++)
    {
     console.log(arr[i]);           //获取对应位置数组元素
    }
</script>
```

使用 for-in 循环遍历数组：无须获得数组长度，直接遍历数组的下标属性，然后根据下标属性获取数组元素。其主要代码如下。

```
<script>
    var arr=[3,1,5,4,7];            //初始化数组
    for (x in arr)                  //x 表示数组元素下标属性
    {
```

```
        console.log(arr[x]);
    }
</script>
```

2．添加元素

给数组添加新的元素的方法如下。

(1) 直接通过数组元素下标添加元素。注意数组下标元素从 0 开始。例如：

```
var arr1=new Array();              //创建数组
arr1[0]="abc";                     //添加元素
arr1[1]="bcd";                     //添加元素
```

(2) push 方法可将新元素添加到数组末尾，并返回数组新长度。例如：

```
var arr1 = new Array();            //创建数组
arr1.push(" abc");                 //添加元素
```

如果想要插入多项，用逗号分隔开即可。例如：

```
arr1.push("bcd","112");            //添加元素
```

(3) unshift()方法可将元素添加到数据的开始，并返回新的数组长度。例如：

```
arr1.unshift("first");             //返回新的数组的 arr1[0]位置元素是"first"
```

(4) splice(索引位置,删除个数,插入元素 1,插入元素 2,…,插入元素 n)方法可以将一个或多个元素添加到数组指定位置。例如：

```
    arr1.splice(1,0,"aaa","bbb");  //第一个参数表示选择的位置,第二个参数表示
//删除元素个数,当值为 0 表示不删除元素,大于 0 时从参数一的位置删除指定个数的元素,从
//第三个参数开始表示在参数一位置插入的元素。新数组的 arr1[1]元素是"aaa",arr1[2]
//元素是"bbb"
```

3．删除元素

例如：var arr1=['a','b','c']；若要删除其中的某个项,可以用以下四种方法。

(1) delete 方法实现指定位置删除。例如，delete arr[1],使用 delete 删除元素之后数组长度不变,只是被删除元素被置换为 undefined 了。

(2) 数组对象 splice 方法实现删除。splice()方法向/从数组中添加/删除元素,然后返回被删除的项目。在删除数组元素时,它可以删除任意数量的项,只需要指定 2 个参数：位置和删除的项数。这种方法会改变数组长度,原来的数组索引也相应改变。

```
arr.splice(1,2);                    //返回['b','c']长度变为 1
```

（3）通过 pop 方法，能移除数组中的最后一项并返回该项，并且数组的长度减 1。

```
arr1.pop();                         //返回'c',长度变为 2
```

（4）shift 方法与 pop 方法相反，用于删除数组中的第一项，并返回第一项数组元素，某种程度上也可以当作删除用。

```
arr1.shift()                        //返回'a',长度变为 2
```

4. 合并数组

在 JavaScript 的 Array 对象中提供了一个 concat()方法，其作用是连接两个或更多的数组，并返回一个新的数组。例如：

```
var arr1=[1,2,3];
var arr2=[4,5,6];
var arr3=[7,8,9];
var newVarr=arr1.concat(arr2,arr3);
```

合并后的新数组 newVarr 为 1,2,3,4,5,6,7,8,9,并不改变 arr1、arr2、arr3 数组。

同步练习

新建两个数值型数组，去掉两个数组中相同的元素，然后将其合并成一个数组，并对新的数组排序。

任务 6.3.3　二维数组

1. 二维数组的定义

二维数组的本质是数组中的元素又是数组。

```
实例 1: var arr=[[1,2],['a','b']];
实例 2: var arr= new Array(new Array(1,2),new Array("a","b"));
实例 3:
for(var i=0;i<arr.length;i++){
    for(var j=0;j<arr[i].length;j++){
        document.write(arr[i][j]);
    }
}
```

2. 二维数组的遍历

首先获取对应的一维数组，然后遍历对应的一维数组，依此类推。

二维数组遍历的主要运行代码如下。

```
<script>
    var arr=[[3,1,5,4,7],[8,1,9,6,3]];      //定义二维数组
    for (i=0;i<arr.length;i++)               //数组内一维数组的个数
    {
     console.log(arr.length);
        console.log(arr[i]);
         for(j=0;j<arr[i].length;j++)        //遍历每个一维数组的元素
          {
          console.log(arr[i][j]);
          }
        }
</script>
```

同步练习

创建一个三行四列的二维数组，遍历数组元素，并输出。

任务 6.3.4　数组其他常用方法

数组其他常用方法如表 6-5 所示。

表 6-5　数组其他常用方法

方　　法	描　　述
join()	arr1.join('—')方法将数组转为字符串
reverse()	arr1.reverse()将一个数组中全部顺序置反
slice()	提取数组中的一部分
Sort()	返回值为有序的元素新数组

任务实例 6-3-1　删除一维数组中值最大的元素

任务分析：这是一维数组遍历的应用，假设数组中第一个元素为最大值并记录其索引，然后遍历后面的元素如果找到比当前值更大的元素，记录较大值及其位置索引，重复上面操作，直到最后一个元素，结束本次操作。①创建一个数组，随机输入一组值；②逐个比较找到最大的值；③删除最大值。

该案例的主要操作步骤如下。

（1）打开已经安装的 HBuilde(X)编辑软件，在页面任意位置添加＜script＞标签，并输入如下 JavaScript 代码。

```
<script>
    var arr=[3,1,5,4,7];         //定义数组
    var max=arr[0];              //默认第一个数是最大值
```

```
            var index=0;
            for (i=1;i<arr.length;i++)      //循环数组遍历寻找最大值
                if(max<arr[i])
                {
                    max=arr[i];             //当前值大于 max,则修改 max 的值,记录位置
                    index=i;
                }
            arr.splice(index,1);            //删除指定位置元素
            console.log(arr);
        </script>
```

(2) 将其保存为网页文件,查看运行结果。

同步练习

创建一个数值类型一维数组并随机赋值,去掉数组中的重复元素。

任务 6.4　JavaScript 字符串

任务描述

(1) 掌握字符串的定义。
(2) 掌握字符串的检索。
(3) 掌握字符串的提取及应用。
(4) 理解字符串的连接及应用。
(5) 理解字符串的转换及应用。

任务 6.4.1　字符串

字符串是 JavaScript 的一种基本的数据类型。JavaScript 字符串用于存储和处理文本。字符串中可以存储一系列字符,可以是插入到引号中的任何字符,也可以使用单引号或双引号初始化字符串。字符串中使用索引位置来访问包含的每个字符。

```
var  str="abcdef";          //初始化字符串
console.log(str[1]);        //打印字符"b"
```

任务 6.4.2　字符串的长度属性与检索方法

在 JavaScript 中,通常可以使用 length 属性来获取字符串的长度。其格式为:字符串变量名.length。例如:

```
var str="This is string";
document.write("str.length is:" + str.length);    //长度为 14
```

在 JavaScript 检索字符串中字符、查找特定字符的方法很多。

1. 检索指定位置字符的方法

使用字符串的 charAt() 方法，用于查找字符串中的单个字符，可以根据参数（非负整数的下标值）返回指定位置的字符或字符编码。如果参数不在 0 和字符串的 length-1 之间，则返回空字符串。

```
var str= "This is string";
"JavaScript".charAt(2);            //返回字符"i"
```

2. 查找字符所在位置的方法

使用字符串的 indexOf() 和 lastIndexOf() 方法，可以根据参数字符串，返回值为字符串检索中指定字符第一次出现的位置和最后一次出现的位置。

```
"JavaScript".indexOf("a");         //返回字符串中检索指定字符第一次出现的"a"位置
"JavaScript".lastIndexOf("a");     //返回字符串中检索指定字符最后一次出现的"a"位置
```

同步练习

创建一个字符串，记录字符串中重复出现的字符。

任务 6.4.3 字符串的操作方法

1. 字符串的提取方法

JavaScript 中提取字符串有三种方法，分别是 substring()、substr()、split()。

（1）substring() 方法。substring() 方法用于提取字符串中介于两个指定下标之间的字符。其语法如下。

```
字符串.substring(start,stop)
```

start：一个非负的整数，指要提取的子串的第一个字符在字符串中的位置，必须要写。

stop：一个非负的整数，比要提取的子串的最后一个字符在字符串上的位置加 1，可省略，如果不写则返回的子串会一直到字符串的结尾。

该字符串的长度为 stop-start。如果参数 start 与 stop 相等，则该方法返回的就是一个空串，如果 start 比 stop 大，那么该方法在提取子串之前会先交换这两个参数。

```
"JavaScript".substring(2,5);       //结果为"vaS"
```

（2）substr() 方法。substr() 方法可在字符串中抽取从 start 下标开始的指定数目的字符。其语法如下。

```
字符串.substr(start,length)
```

start：要截取的子串的起始下标必须是数值。如果是负数，那么该参数从字符串的尾部开始算起的位置。也就是说，-1指字符串中最后一个字符，-2指倒数第二个字符，以此类推，必须要写。

length：子串中的字符数，必须是数值。如果不填该参数，那么返回的是字符串的开始位置到结尾的字符。如果 length 为 0 或者负数，将返回一个空字符串。

```
"JavaScript".substr(2,3);              //结果是"avS"
```

（3）split()方法。split()方法用于把一个字符串分割成字符串数组。其语法如下。

```
字符串.split(separator,howmany)
```

separator：字符串或正则表达式，从该参数指定的地方分割字符串，必须要写。

howmany：指返回的数组的最大长度。如果设置了该参数，返回的子串不会多于这个参数指定的数组。如果没有设置该参数，整个字符串都会被分割，不考虑它的长度。

```
"Java-Scr-ip-t".split("-");            //返回结果是数组["Java","Scr","ip","t"]
```

2. 字符串的连接方法

可以通过两种方法进行链接，分别是通过"＋"运算符及concat()方法。

（1）加法运算方法。直接使用"＋"进行字符串连接。例如：

```
var arr1 ="abc";
var arr2 ="def";
var newarr=arr1+arr2;                  //字符串为"abcdef"
```

（2）concat方法。其语法如下。

```
字符串.concat(参数1,参数2,...)
```

通过其语法可知，concat()方法可以有多个参数进行多个字符串的连接。例如：

```
var arr1 ="abc";
var arr2 ="def";
var arr3 ="ghi";
var arr4 ="jkl";
var newarr=arr1.concat(arr2,arr3,arr4);    //newarr为"abcdefghijkl"
```

3. 字符串的转换方法

在 JavaScript 中,把一个值转换为字符串对象值调用 toString()方法。

这个方法唯一要做的就是返回相应的值的字符串。数值、布尔值、对象和字符串值都有 toString()方法,但是 null 和 undefined 没有 toString()方法。多数情况下,调用 toString()方法不必传递参数。其基本语法如下。

```
obj.toString();
```

4. toLowerCase()方法

toLowerCase()方法把字符串转换为小写,toUpperCase()将把字符串转换为大写。

```
"JavaScript".toLowerCase();        //结果为 javascript
"JavaScript".toUpperCase();        //结果为 JAVASCRIPT
```

任务实例 6-4-1 将一段英文文本的每个单词首字母变为大写字母

任务分析:这是一个字符串方法分割、查找和字符转化方法的应用,实现的思路是将字符串分成独立的单词,然后将每个单词的首字符检索到,最后将找到的字符转化为大写字符,放回原单词中。①初始化一个字符串;②字符串以空格为标记分隔为数组;③将数组中每个元素的首字母变为大写字母;④所有数组元素组合为字符串。

该案例的主要操作步骤如下。

(1) 打开已经安装的 HBuilde(X)编辑软件,在页面任意位置添加＜script＞标签,并输入如下 JavaScript 代码。

```
<script>
    var str="i love china very much";    //定义 string
    var arr1=str.split(" ");              //空格为标记分隔字符串返回数组 arr1
    for(x in arr1)                        //获取所有元素逐个修改首字母
    {
      arr1[x]=arr1[x].charAt(0).toUpperCase()+arr1[x].slice(1);
    }
    str=arr1.join(" ");                   //重新组合为字符串
    console.log(str);
</script>
```

(2) 将其保存为网页文件,查看运行结果。

同步练习

将一个字符串中的字符顺序前后倒置。

任务6.5 JavaScript 对象

任务描述

(1) 掌握 JavaScript 对象声明。
(2) 掌握 JavaScript 对象的属性与方法。

在真实生活中,汽车是一个对象。汽车有车重和颜色等属性,也有诸如启动和停止的方法。对象其实是无序属性的集合,其属性可以包含基本值、对象或者函数。对象可以由属性和其相应的值构成。对象中可以包含函数,也可以包含其他对象。

1. 对象声明与创建

JavaScript 中的所有事物都是对象:字符串、数值、数组、函数等。对象只是一种特殊的数据。对象拥有属性和方法。在 JavaScript 中,创建对象的方式共有两种,分别可通过 new Object()和{}实现。

(1) new Object():声明一个类,然后使用 new 关键字去创建对象。例如:

```
var obj=new Date();
```

(2) 还可以直接通过{},利用现有值,直接实例化一个对象。例如:

```
var object1 = {id:1,name:"对象 1"};
```

同时还可以通过 Object.create()方法声明 Object2。例如:

```
var object2 = Object.create({id:2,name:"对象 2"});
```

2. 对象的属性和方法

JavaScript 对象中的名称:值对被称为属性。针对对象的属性,可以对其进行添加、删除以及检测。

(1) 添加属性:为已存在的对象添加属性。
(2) 删除属性:通过 delete 删除已存在的对象属性。
(3) 检测属性:判断某个属性是否存在于此对象之中。

在 JavaScript 中提供了两种访问属性的方式:①对象名.属性名;②对象名["属性名"]。

对象也可以有方法。方法是在对象上执行的动作。方法以函数定义被存储在属性中。可以通过方法名:function{}来创建方法。通过对象名.方法名()来访问方法。

创建对象的方法如下。

```
var person = {
    firstName : "John",
    lastName  : "Doe",
    age       : 50,
eyeColor  : "blue",
greet:function(){
 alert(this.firstName+"Hello");
}
};
person['eyes'] = 'black';            //创建或者添加属性
delete   person.lastName;            //删除属性
age in person                        //判断属性是否在对象person中
console.log(person.firstName)        //访问属性方法
person.greet();                      //访问对象方法
```

同步练习

创建一个汽车对象，添加汽车颜色、品牌等属性，并实现汽车的print()方法，在方法中输出汽车的属性。

任务6.6 JavaScript 函数

任务描述

（1）掌握函数定义。

（2）理解函数的意义。

将脚本编写成函数可以避免页面载入时执行该脚本。函数包含着一些代码，这些代码只能被事件激活，或者在函数被调用时才会执行。用户可以在页面中任何位置调用脚本（如果函数嵌入一个外部的.js文件，也可以从其他页面中调用）。

任务6.6.1 创建函数

函数是被设计为执行特定任务的代码块，JavaScript 函数通过function关键词进行定义，其后是函数名和括号()。函数名可包含字母、数字、下划线和美元符号（规则与变量名相同），圆括号可包括由逗号分隔的参数，由函数执行的代码被放置在花括号中。函数中的代码将在其他代码调用该函数时执行，并且可由 JavaScript 在任何位置进行调用。

函数声明后不会被立即执行，只有用户需要时才会调用。

函数声明语法如下。

（1）使用function关键字定义函数。

```
function functionName(parameter1, parameter2, parameter3){
    //要执行的代码
}
```

(2) 通过表达式定义函数。

```
var myfun=function(parameter1, parameter2, parameter3){
    //要执行的代码
}
```

注意：

JavaScript 对大小写敏感。关键词 function 必须是小写的，并且必须以与函数名称相同的大小写来调用函数。

同步练习

定义一个函数，如果传入参数是数值类型，返回当前值的 2 倍；如果是字符串类型，返回当前参数。

任务 6.6.2 函数的参数

1. 函数定义

JavaScript 函数定义中所列的名称，JavaScript 函数的参数与大多数其他语言的函数的参数有所不同。函数不介意传递进来多少个参数，也不在乎传进来的参数是什么数据类型，甚至可以不传参数。

函数定义并未指定函数形参的类型，函数调用也未对传入的实参值做任何类型的检查。实际上，JavaScript 函数调用甚至不检查传入形参的个数。

```
myFunction(argument1,argument2,...)
```

声明函数时，把参数作为变量来声明。

```
function myFunction(var1,var2)
{
    //要执行的代码
}
```

任务实例 6-6-1　定义函数 add(x,y)，调用函数时返回 x＋y 的和

任务分析：本例是函数定义、函数参数的应用。首先定义一个名为 add 的函数，包含两个参数，函数内要执行的代码就是加法操作。①定义名为 add(x,y)的函数；②函数内即{}内执行的代码为 x＋y。

该案例的主要操作步骤如下。

（1）打开已经安装的 HBuilde(X)编辑软件，在页面任意位置添加＜script＞标签，并输入如下 JavaScript 代码。

```
<body>
  <input type="button" value="计算" onclick="add(3,5)"><-!调用函数->
  <script>
    function add(x,y)                    //定义函数
    {
    var result=0;
    result=x+y;
    alert(x+'+'+y+"="+result);
    }
  </script>
</body>
```

（2）将其保存为网页文件，查看运行结果。

函数很灵活，可以使用不同的参数来调用该函数，这样就会给出不同的答案。

```
<input type="button" value="计算" onclick="add(1,8)">
```

2. 函数参数传递

JavaScript 函数中的参数传递方式分为按值传递和按地址传递两种。

1）按值传递是指在函数中调用的参数是函数的隐式参数

JavaScript 隐式参数通过值来传递：函数仅仅获取值。如果函数修改参数的值，不会修改显式参数的初始值（在函数外定义）。隐式参数的改变在函数外是不可见的。

任务实例6-6-2　定义函数 add(x,y)，调用函数，返回 x+y 的和

任务分析：此任务主要是验证按值传递参数，值在函数内外变化。①定义变量 x,y 向函数传递值；②在函数内修改 x,y 的值；③在函数外再一次输出 x,y 的值；④观察函数内的操作是否影响 x,y 的值。

该案例的主要操作步骤如下。

（1）打开已经安装的 HBuilde(X)编辑软件，在页面任意位置添加＜script＞标签，并输入如下 JavaScript 代码。

```
<script>
  var x,y;
    x=3;                                 //定义变量
    y=5;
    function add(x,y)                    //定义函数
    {
      x+=2;                              //函数内修改参数值
      y+=2;
      console.log("函数内 x,y 的值"+x+","+y);
    }
    add(x,y);                            //调用函数
    console.log("函数外 x,y 的值"+x+","+y);  //函数外输出值
</script>
```

(2)将其保存为网页文件,查看运行结果。

2)按地址传递

函数调用时如果实参是对象,那么形参接受的是实参地址的副本,因此在函数内部修改对象的属性就会修改其初始的值。修改对象属性可作用于函数外部(全局变量)。修改对象属性在函数外是可见的,也就是说当函数内部对象改变了,那么实参的对象也会改变。一般来说,作为地址传递的参数都是引用数据类型,如数组、字符串、对象等。

任务实例 6-6-3 定义函数 add(x),调用函数,将数组中所有元素加 2 操作

任务分析:此任务验证对象作为按地址传递参数给函数参数在函数内外变化情况,按地址传递的实参值在函数内部的变化会影响对象本身。①初始化变量 x 类型是数组;②把数组传递给函数;③在函数内部遍历数组值并将值加 2 操作;④函数结束调用后再次遍历数组,发现数组的值发生变化了。结论:按地址传递参数在函数内部对参数值的修改会引起参数值发生改变。

该案例的主要操作步骤如下。

(1)打开已经安装的 HBuilde(X)编辑软件,在页面任意位置添加＜script＞标签,并输入如下 JavaScript 代码。

```
<script>
    var x;
    x=new Array();              //定义对象
    x[0]=1;
    x[1]=2;
    function add(x)             //对象作为参数
    {
      for(i=0;i<x.length;i++)
       {
         x[i]+=2;                //函数内修改对象值
         console.log(x[i]);
       }
    }
    add(x);
    for(i=0;i<x.length;i++)
    console.log("函数外 x 的值"+x[i]);
</script>
```

(2)将其保存为网页文件,查看运行结果。

同步练习

定义一个函数,将数组作为参数传递给函数,在函数中实现数值类型数组的排序。

任务6.6.3 函数的返回值与作用域

1. 函数返回值

当函数执行完时,并不是所有函数都要输出结果。如果期望函数给出一些反馈(比如计算的结果返回进行后续的运算),可以让函数返回值。

可以使用 return 来设置函数的返回值,返回值可以是任意的数据类型,可以是一个对象,也可以是一个函数。

(1) 每个函数都有一个返回值,其基本语法如下。

```
Function fun(parm1,parm2,...){
  语句组;
  return 返回值;
}
Var x=fun(parm1,parm2,...);
```

(2) 若函数没有显示的返回值,函数会默认返回 undefined。其主要运行代码如下。

```
<script>
  function fun()          //定义没有返回值的函数
  {
  语句组;
  }
  console.log(fun());     //输出返回值
</script>
```

(3) 若手动地设置了函数的返回值(return)后,函数将返回开发者手动设置的值,其主要运行代码如下。

```
<script>
  function fun()          //定义函数
  {
   return "AA";           //设置函数返回值
  }
  console.log(fun());
</script>
```

(4) 在函数中,一旦执行完成 return 语句,整个函数就结束了,后续语句将不再执行。

(5) return 之后的值只能有一个。如果尝试返回多个值,结果始终是第一个值。

2. 作用域

作用域(scope)指一个变量的作用范围,JavaScript 中有两种作用域:一种是全局作用域,另一种是函数作用域(局部作用域)。

(1) 全局作用域。直接编写在 script 标签中的 js 代码,都在全局作用域。全局作用域在页面打开时创建,在页面关闭时销毁。在全局作用域中有一个全局对象 window,它代表的是一个浏览器窗口,它由浏览器创建,可以直接使用。

在全局作用域中,创建的变量都会作为 window 对象的属性保存;创建的函数都会作为 window 对象的方法保存,全局作用域中的变量都是全局变量,在页面的任意的部分都可以访问得到。

(2) 函数作用域。调用函数时创建函数作用域,函数执行完毕以后,函数作用域销毁。每调用一次函数就会创建一个新的函数作用域,在函数内部定义的变量成为函数作用域的变量,变量之间是互相独立的,在函数作用域中可以访问到全局作用域的变量,在全局作用域中无法访问函数作用域的变量,在函数作用域中操作一个变量时,它会先在自身作用域中寻找,如果有就直接使用;如果没有则向上一级作用域中寻找,直到找到全局作用域;如果全局作用域中依然没有找到,则会报错 ReferenceError。在函数中要访问全局作用域变量可以使用 window 对象。在函数中,不使用 var 声明的变量都会成为全局变量。全局和局部变量主要示例代码如下。

```
<script>
    a=10;
    function fun()
    {
        var b=5;
        console.log("全局 a"+a);
        console.log("局部 B"+b);
    }
    fun();
    console.log("全局 a"+a);
    console.log("局部 b"+b);
</script>
```

同步练习

定义一个函数,求两个数中较大的数,如 max(x,y)。

任务 6.6.4 函数的调用

JavaScript 函数有 4 种调用方法。每种方法的不同在于 this 的初始化。一般而言,在 JavaScript 中,this 指向函数执行时的当前对象。

1. 作为一个函数调用

例如,函数名(参数);这种方式,这种情况函数不属于任何对象。但是在 JavaScript 中它始终是默认的全局对象(全局对象是 HTML 页面本身,所以函数是属于 HTML 页面)。

任务实例 6-6-4 定义函数 fun(a,b)实现求 a+b 的和,并在页面打印函数返回值

任务分析:有返回值的函数调用时可以把函数调用看作是一个已经赋值的变量,在浏览器中的页面对象是浏览器窗口(window 对象),myFunction()和 window.myFunction()是一样的。这是调用 JavaScript 函数常用的方法,但不是良好的编程习惯。

该案例的主要操作步骤如下。

(1)打开已经安装的 HBuilde(X)编辑软件,在页面任意位置添加<script>标签,并输入如下 JavaScript 代码。

```
<body>
  <p>返回两个数的和</p>
  <div id="demo"></div>
  <script>
    function fun(a,b) {
      return a+b;
    }
    document.getElementById("demo").innerHTML=fun(2,3);
  </script>
</body>
```

(2)将其保存为网页文件,查看运行结果。

2. 使用构造函数调用函数

例如,var x=new 函数名(参数);这种方式,如果函数调用前使用了 new 关键字,则是调用了构造函数。这看起来就像创建了新的函数,但实际上 JavaScript 函数是重新创建的对象。

任务实例 6-6-5 定义函数 myFunction(p1,p2),利用 new 调用函数

任务分析:构造函数的调用会创建一个新的对象。新对象会继承构造函数的属性和方法。本例中 x 就是继承了 myFunction()函数的所有属性和方法。①定义函数;②利用 new 关键字创建新的对象 x;③使用对象属性的方式输出对应的值,x.firstName。

该案例的主要操作步骤如下。

(1)打开已经安装的 HBuilde(X)编辑软件,在页面任意位置添加<script>标签,并输入如下 JavaScript 代码。

```
<script>
  function myFunction(p1,p2){
      this.firstName = p1;
      this.lastName= p2;
  }
  //创建一个新的对象
  var x = new myFunction("li","xh");            //构造函数
    document.getElementById("demo").innerHTML=x.firstName;;
</script>
```

（2）将其保存为网页文件，查看运行结果。

3. 函数作为方法调用

JavaScript 中可以将函数定义为对象的方法。

任务实例 6-6-6 函数定义为对象

定义对象 myfun，对象中包含属性和方法。

任务分析：本任务创建了一个对象（myFun），对象有两个属性（firstName 和 lastName），以及一个方法（fullName）。fullName 方法就是一个函数并返回 firstName 和 lastName 两个字符串连接的结果，它又是对象 myFun 的一个方法。

该案例的主要操作步骤如下。

（1）打开已经安装的 HBuilde(X) 编辑软件，新建 HTML 文件并输入如下主要代码。

```html
<body align="center">
    <p>构造函数调用函数</p>
    <div id="demo"></div>
    <script>
    var myFun={
            firstName:"li",
            lastName:"xh",
            fullName:function(){                //对象的方法
               return this.firstName +" " + this.lastName;
          }
         }
        document.getElementById("demo").innerHTML=myFun.fullName();
                          //fullName 方法是一个函数，这个函数属于对象 myFun
    </script>
</body>
```

（2）将其保存为网页文件，查看运行结果。

4. 作为函数方法调用函数

在 JavaScript 中，函数是对象。JavaScript 函数有它的属性和方法。call() 和 apply() 是预定义的函数方法。两个方法可用于调用函数，两个方法的第一个参数必须是对象本身。

任务实例 6-6-7 定义函数 myFun(a,b)，返回 a * b 的积

该案例的主要操作步骤如下。

（1）打开已经安装的 HBuilde(X) 编辑软件，创建 HTML 文件，主要代码如下。

```html
<body align="center">
    <p>call 函数方法调用函数</p>
```

```
<div id="demo"></div>
<script>
   var myObj;
   function myFun(a,b){
      return a*b;
   }
   myObj = myFun.call(myObj,10,2);                    //返回 20
   document.getElementById("demo").innerHTML=myObj;
</script>
</body>
```

(2)将其保存为网页文件,查看运行结果。

同步练习

定义一个计算器功能函数,参数包括两个数值和计算符号,调用函数实现＋、一、*运算。

任务 6.6.5 函数的闭包

如果在一个函数内部,对在外部作用域(但不是全局作用域)的变量进行引用,那么内部函数就被认为是闭包(closure)。闭包是能够读取其他函数内部变量的函数。只有函数内部的子函数才能读取局部变量,在本质上,闭包是连接函数内部和函数外部的桥梁。

闭包的特点：①以读取自身函数外部的变量(沿着作用域链寻找)先从自身开始查找,如果自身没有才会继续往上级查找,自身如果拥有将直接调用(哪个离得最近就用哪个);②延长内部变量的生命周期;③函数 b 嵌套在函数 a 内部;④函数 a 返回函数 b。

闭包的作用：在函数 a 执行完并返回后,闭包使 JavaScript 的垃圾回收机制不会收回 a 所占用的资源,因为 a 的内部函数 b 的执行需要依赖 a 中的变量,闭包是循序渐进的过程。

闭包由两个部分构成：①函数;②创建该函数的环境。

闭包可以直接使用其所在函数的任何变量,这种使用是地址传递,而不是值传递。

任务实例 6-6-8 闭包函数应用案例

利用闭包的特点实现计数器,定义函数 add,每单击一次按钮,函数内变量加 1。

任务分析：本任务是验证闭包的特点,在函数内部定义变量并赋值,函数的返回值为匿名函数,匿名函数返回值为最初定义的变量加 1。匿名函数中值的变化依赖于定义变量 counter。

该案例的主要操作步骤如下。

(1)打开已经安装的 HBuilde(X)编辑软件,新建 HTML 文件,并输入如下主要代码。

```
<body align="center">
   <p>闭包计数器应用</p>
```

```
<button type="button" onclick="myFunction()">计数!</button>
<p id="demo">0</p>
<script>
    var add =(function(){
        var counter =0;                              //闭包
        return function(){return counter +=1;} //函数内的返回值依赖于counter
    })();
    function myFunction(){
        document.getElementById("demo").innerHTML=add();
    }
</script>
</body>
```

(2) 将其保存为网页文件。

(3) 在浏览器中预览的效果如图6-7所示。

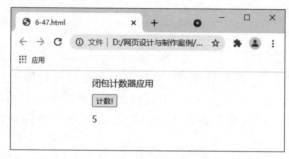

图6-7 闭包计数器的应用

注意：

add()指定了函数自我调用的返回值。自我调用函数只执行一次。设置计数器为0,并返回函数表达式。add()可以作为一个函数使用,它可以访问函数上一层作用域的计数器用,这就是JavaScript闭包。它使函数拥有私有变量变成可能。

同步练习

在页面上有5个按钮分别表示不同颜色,单击不同按钮背景颜色变成相应颜色。

任务6.6.6 函数的综合应用

本任务是函数的综合应用,制作鼠标跟随效果的div。

任务分析：页面上添加两个div元素,当鼠标进入某个div元素范围后单击进行拖动,div元素会随着鼠标的移动而移动。在页面内移动div,div的定位必须设置为绝对定位,利用this指针获取鼠标当前位置信息。①页面中添加<div>元素,并在样式表中设置div的位置属性为绝对定位；②定义dragobj()函数,在函数中添加鼠标按下事件(this.onmousedown)获取鼠标当前坐标,鼠标移动事件(window.onmousemove)获取鼠标实时坐标,鼠标抬起事件(this.onmouseup)获取鼠标当前位置,作为拖动div元素的最终位置；③for(i=0;i<len;i++){ dragobj.apply(dragDiv[i]); } 给元素添加函数调用。

同步练习

请参照函数的定义与调用，实现页面图片随鼠标移动的效果。

函数的综合应用参考代码

任务 6.7　JavaScript HTML DOM

任务描述

（1）掌握 DOM 对象模型。

（2）会查找 HTML 元素。

任务 6.7.1　HTML DOM

当网页被加载时，浏览器会创建页面的文档对象模型（Document Object Model），HTML DOM 模型被构造为对象的树，如图 6-8 所示。

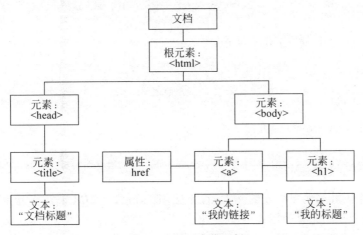

图 6-8　文档对象模型树

每个载入浏览器的 HTML 文档都会成为 Document 对象，Document 对象可以从脚本中对 HTML 页面中的所有元素进行访问。

任务 6.7.2　DOM 对象方法

1. DOM 对象方法查找 HTML 元素

通过可编程的对象模型，JavaScript 获得了足够的能力来创建动态的 HTML，首先必须找到该元素。如果找到该元素，则该方法将以对象的形式返回该元素。如果未找到该元素，则返回 null。下面三种方法均可以实现 HTML 元素的查找。

(1) 通过 id 找到 HTML 元素。页面存在一个元素，id="box"，查找元素的语法如下。

```
var obj=document.getElementById("box");
```

(2) 通过标签名找到 HTML 元素。页面存在多个标签名为 div 的元素，语法如下。

```
var b=document.getElementsByTagName("div");        //返回一组标签名为 div 的元素
```

(3) 通过类名找到 HTML 元素。页面存在多个 class="side" 的元素，语法如下。

```
var c=document.getElementsByClassName("side");     //返回一组类名为""side"的元素
```

2. DOM 对象方法修改 HTML 元素属性

HTML DOM 允许 JavaScript 根据需要修改 HTML 元素的内容、属性和样式。
(1) innerHTML 属性修改元素内容，语法如下。

```
document.getElementById(id).innerHTML="内容字符串";
document.getElementById("demo").innerHTML="新的内容";
```

(2) 改变 HTML 属性，语法如下。

```
document.getElementById(id).attribute="新的属性值";
document.getElementById("demo").src="smile.jpg";
```

或者调用 setAttribute()方法。

```
Document.getElementById("demo").setAttribute("src",'smile.jpg');
```

对于文档中 id 名为 demo 的元素，首先使用 HTML DOM 来获得元素，然后用当前对象 src 属性更改此元素的属性值。
(3) 修改 HTML 样式。

```
document.getElementById(id).style.property="新的样式";
document.getElementById("p2").style.color="blue";
```

任务实例 6-7-1　修改元素案例

将 img 标签中 src 的属性值由 01.png 修改为 02.jpg。

任务分析：本任务首先要通过 id="demo"获取对象，然后利用对象 src 属性修改图片。①document.getElementById("demo").src="02.jpg"；②找到"demo"对象并获取"src"属性，将新的图片路径"02.jpg"赋值给对象属性。

该案例的主要操作步骤如下。

（1）打开已经安装的 HBuilde(X)编辑软件，新建 HTML 文件，主要代码如下。

```
<img id="demo" src="01.png" width="160px" height="120px">
<script>
  document.getElementById("demo").src="02.jpg";
</script>
<p>原图片1.png脚本将图片修改为02.jpg</p>
```

（2）将其保存为网页文件。

（3）在浏览器中预览的效果如图 6-9 所示。

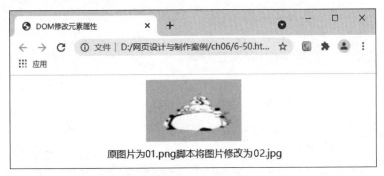

图 6-9　利用 DOM 修改 HTML 元素属性

同步练习

利用 DOM 方法将页面 div 的背景色由红色改为蓝色。

任务 6.8　JavaScript 事件

任务描述

（1）掌握事件的含义。

（2）会用事件解决问题。

任务 6.8.1　JavaScript 鼠标事件

HTML 事件是发生在 HTML 元素上的事情。HTML 事件可以是浏览器行为，也可以是用户行为。鼠标事件就是用户行为。常用鼠标事件如表 6-6 所示。

事件通常与函数配合使用，这样就可以通过发生的事件来驱动函数执行，HTML4.0 的新特性之一是有能力使 HTML 事件触发浏览器中的动作（action），比如当用户单击某个 HTML 元素时启动一段 JavaScript。事件包括 click 事件、dblclick 事件、mousedown 事件、mouseup 事件、mouseenter 事件、mousemove 事件、mouseover 事件。测试单击事件，单击按钮，将 div 元素的背景颜色修改为粉色。

表 6-6 鼠标事件

事件	描述
click	用户单击鼠标主按钮或者在获得焦点的前提下按回车键时触发
dbclick	用户双击鼠标主按钮时触发
mousedown	按下任意鼠标按钮时触发
mouseup	释放鼠标按钮时触发
mouseenter	鼠标光标从元素外部首次移动到元素范围之内时触发,这个事件不冒泡,而且在光标移动到后代元素上不会重复触发。通常和 mouseleave 搭配使用
mouseover	鼠标光标位于一个元素外部,首次移动到另一个元素边界之内(包括后代元素)时触发
mousemove	鼠标光标在元素内部移动时重复地触发

任务实例 6-8-1　鼠标单击 div 变色效果

任务分析:本任务是验证鼠标单击事件,鼠标单击调用函数,函数功能是修改 div 的背景色属性。①document.getElementById("demo")此方法获取"demo"对象;②style.background 给 style 属性下的 background 方法赋值,修改 div 背景色。

该案例的主要操作步骤如下。

(1) 打开已经安装的 HBuilde(X)编辑软件,新建 HTML 文件,主要代码如下。

```html
<body align="center">
  <button type="button" onclick="myFun()">单击</button>
  <div id="demo"></div>
  <script>
    function myFun(){                    //单击事件调用函数
      document.getElementById("demo").style.background="lightpink";
    }
  </script>
</body>
```

(2) 将其保存为网页文件。

(3) 在浏览器中预览的效果如图 6-10 所示。

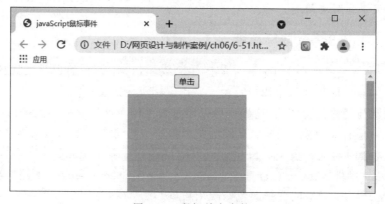

图 6-10　鼠标单击事件

📝 同步练习

请参照鼠标事件,编写函数实现鼠标进入某个div范围后当前元素背景色发生变化。

任务 6.8.2　JavaScript 键盘事件

键盘事件由用户击打键盘触发,主要有 keydown、keypress、keyup 三个事件,它们都继承了 KeyboardEvent 接口。JavaScript 中的键盘事件如表 6-7 所示。

表 6-7　键盘事件

事件名称	描述
keydown	按下键盘时触发该事件
keyup	松开键盘时触发该事件
keypress	按下有值的键时触发,即按下 Ctrl、Alt、Shift 这样无值的键,该事件不会触发。对于有值的键,按下时先触发 keydown 事件,再触发该事件

💡 任务实例 6-8-2　按下任意键,返回该键对应的 ASCII 码值

任务分析:通过键盘事件调用函数弹出按下键的 ASCII 码值。①绑定键盘按下事件 onkeydown;②function(e)所有键添加事件;③e.keyCode 获取当前键的 ASCII 码。

其主要代码如下。

```
<script>
  document.onkeydown=function(e){
  alert("ascII 码是"+e.keyCode);
  }
</script>
```

📝 同步练习

请参照键盘 keydown 事件,实现利用方向键移动页面上 div 元素位置。

任务 6.8.3　JavaScript 窗口事件

窗口事件由用户改变窗口大小、按下滚动块等行为触发。窗口事件如表 6-8 所示。

表 6-8　窗口事件

事件名称	描述
scroll	在文档或文档元素滚动时触发,主要出现在用户拖动滚动条
resize	在改变浏览器窗口大小时触发,主要发生在 window 对象上面
fullscreenchange	事件在进入或退出全屏状态时触发,该事件发生在 document 对象上面
fullscreenerror	事件在浏览器无法切换到全屏状态时触发

💡 任务实例 6-8-3　改变窗口尺寸,弹出对话框提示窗口发生变化

任务分析:窗口事件调用函数,通过对话框弹出窗口尺寸验证函数调用。①window.onresize 窗口绑定事件;②窗口大小发生改变时利用 alert("窗口大小发生改

变"),弹出提示信息。

其主要代码如下。

```
<script>
  window.onresize=function(){
    alert("窗口大小发生改变");
  }
</script>
```

📝 **同步练习**

请参照窗口 resize 事件,实现进入或退出全屏时显示当前屏幕尺寸。

任务 6.9　JavaScript 综合应用

➡ **任务描述**

（1）综合运用 JavaScript 实现表单元素内容验证。

（2）综合运用 JavaScript 中的 submit、blur 等事件。

JavaScript 通常与 html 中表单、表单元素联合使用,作为元素验证的快速有效的方法,下面以网站登录页面为例,利用 JavaScript 实现页面校验功能。

☀ **任务实例 6-9-1　网站开发**

现接到某电商网站注册、登录页面开发的项目,在注册页面需要做前端验证。

任务分析：①应用正则表达式实现邮箱格式验证。②利用 if 分支语句及字符串 length 属性判定密码长度、密码与重复密码一致性验证。③submit、blur 等事件触发函数。函数包括 strLengh()字符串长度验证函数；email()邮箱合法性验证；pwd()密码规则验证函数；checkOk()密码一致性验证函数。④onsubmit()提交事件中根据函数调用的值决定是否提交。

该案例的主要操作步骤如下。

（1）打开已经安装的 HBuilde(X)编辑软件,在页面任意位置添加＜script＞标签,并输入代码。

（2）将其保存的网页文件。

（3）在浏览器中预览的效果如图 6-1 所示。

网站开发参考代码

单元实践操作：使用 JavaScript 制作动态网页

📝 **实践操作的目的**

（1）灵活运用 JavaScript 的常见事件制作动态网页。

（2）掌握使用页面元素获取、属性设置等方法。

1. 制作放大镜效果的网页

请参照电商购物网站制作购物商场放大镜效果的网页,效果如图 6-11 所示。操作要求及步骤如下。

图 6-11　放大镜效果

(1) 使用 HBuilder(X) 编写网页文档。

(2) 通过 getElementById 或其他方法来获取各个对象,然后通过 onmouseover 和 onmouseout 事件来显示和隐藏放大镜和右侧图片。

(3) onmousemove 事件实现鼠标移动时放大图片不同位置。

(4) style.top、offsetWidth 获取图片位置及图片右侧放大位置。

(5) 保存网页,并浏览网页效果,完成表 6-9。

表 6-9　实践任务评价表

任务名称	制作放大镜效果的网页			
任务完成方式	独立完成(　　　)		小组完成(　　　)	
完成所用时间				
考核要点	任务考核 A(优秀)、B(良好)、C(合格)、D(较差)、E(很差)			
	自我评价(30%)	小组评价(30%)	教师评价(40%)	总评
使用 HBuilder(X) 工具				
大图、小图显示与隐藏				
移入、移出、移动事件				
网页完成整体效果				
存在的主要问题				

2. 有趣的移动现象

有趣的移动现象的效果如图 6-12 所示，单击无序列表项"123"时，会将列表项移动到下面无序列表中。操作要求及步骤如下。

（1）使用 HBuilder(X) 编写网页文档。

（2）本实例主要应用 DOM 元素常用操作，包括创建元素、添加元素、插入元素、替换元素、删除元素。

（3）创建元素 createElement 语法：document.createElement("tag")，根是 document，参数是标签名称，用单引号或双引号包裹。

（4）插入元素 insertBefore 相比于 appendChild 只能在最后添加元素对象的限制外，insertBefore 可以在指定元素对象前插入元素对象。语法：父元素对象.insertBefore(新元素对象,参考元素对象)

图 6-12 有趣的移动现象的效果

（5）保存网页，并浏览网页效果，完成表 6-10。

表 6-10 实践任务评价表

任 务 名 称	有趣的移动现象			
任务完成方式	独立完成( ) 　　小组完成( )			
完成所用时间				
考核要点	任务考核 A(优秀)、B(良好)、C(合格)、D(较差)、E(很差)			
	自我评价(30%)	小组评价(30%)	教师评价(40%)	总评
使用 HBuilder(X)工具				
DOM 添加元素				
DOM 插入元素				
单击事件参数获取				
存在的主要问题				

3. 从提供的爱好中选择自己的爱好

此时备选区的爱好就移动到自己爱好区，效果如图 6-13 所示。

图 6-13 爱好选择效果

操作要求及步骤如下。

(1) 使用 HBuilder(X)编写网页文档。

(2) 本实例主要应用 DOM 元素常用操作,包括添加元素、删除元素。

(3) 删除元素 removeChild 语法:父元素对象.removeChild(存在元素对象),其实删除并不是真正的删除,它在内存中仍然存在,可再次挂载。

(4) 添加元素 appendChild 也称挂载,语法:父元素对象.appendChild(新元素对象),根是父元素对象,添加元素前提要有一个父元素,否则无法定位位置,参数是元素对象,不要引号元素对象可以是 createElement 创建的元素对象,也可以是获取的或遍历的得到的元素对象。

(5) 保存网页,并浏览网页效果,完成表 6-11。

表 6-11 实践任务评价表

任 务 名 称	从提供的爱好中选择自己的爱好			
任务完成方式	独立完成(　　　)		小组完成(　　　)	
完成所用时间				
考核要点	任务考核 A(优秀)、B(良好)、C(合格)、D(较差)、E(很差)			
	自我评价(30%)	小组评价(30%)	教师评价(40%)	总评
使用 HBuilder(X)工具				
DOM 添加元素				
DOM 删除元素				
单击事件参数获取				
存在的主要问题				

单 元 小 结

本单元介绍 JavaScript 基础语法、结构、字符串、对象、函数和事件等知识。通过学习与实践,基本掌握 JavaScript 在网页制作中的应用,利用 JavaScript 添加鼠标事件、键盘事件和窗体事件,了解 JavaScript 对象的意义,根据用户不同需求灵活地制作网页。

单 元 习 题

一、单选题

1. 以下语句会产生运行错误的是(　　　)。

　　A. var obj = ();　　　　　　　　B. var obj = {};
　　C. var obj = [];　　　　　　　　D. var obj = //;

2. 以下表达式结果为真的是（　　）。
   A. null instance of Object
   B. null === undefined
   C. null == undefined
   D. NaN == NaN
3. 以下代码的输出结果是（　　）。

```
var a=0,b=0;
   for(;a<10,b<7;a++,b++){
      g=a+b;
   }
console.log(g);"
```

   A. 16   B. 10   C. 12   D. 6
4. 下列表达式成立的是（　　）。
   A. parseInt(12.5)==parseFloat(12.5)
   B. Number("123abc")==parseFloat("123abc")
   C. isNaN("abc")==NaN
   D. typeof NaN=="number"
5. 在JavaScript中,执行下面的代码后,num 的值是（　　）。

```
var str = ""wang.wu@gmail.com"";
var num = str.indexOf("".""); "
```

   A. －1   B. 0   C. 4   D. 13
6. 下面的JavaScript 代码的输出结果是（　　）。

```
function f(y) {
   var x=y*y;
   return x;
}
for(x=0;x< 5;x++) {
   y=f(x);
   document.writeln(y);
} "
```

   A. 0 1 2 3 4   B. 0 1 4 9 16
   C. 0 1 4 9 16 25   D. 以上答案都不对
7. 在JavaScript 中,运行下面代码的结果是（　　）。

```
function foo(x){
   var num=5;
   bar=function(y){
      return (x+y+(++num));
   }
}
console.log(foo(2));
console.log(bar(10));
console.log(bar(10));"
```

        A. undefined,18,19   B. 17,18,19
        C. 5,18,19   D. undefined,18,18
    8. 下面代码输出的是(   )。

```
parseInt(3, 8)
parseInt(3, 2)
parseInt(3, 0) "
```

        A. 3,3,3   B. 3,3,NaN   C. 3,NaN,NaN   D. other
    9. 在以下选项中,关于 JavaScript 的 Date 对象描述正确的是(   )。
        A. getDay( )方法能返回 Date 对象的一个月中的一天,其值为 1~31
        B. getDate( )方法能返回 Date 对象的一周中的一天,其值为 0~6
        C. getTime( )方法能返回某一时刻(1970 年 1 月 1 日)依赖的毫秒数
        D. getYear( )方法只能返回 4 位年份,常用于获取 Date 对象的年份

二、简答题

1. JavaScript 在使用的过程中,浏览器之间存在什么样的差异?
2. 函数调用中参数传递方式有几种?它们的区别是什么?
3. 将 JavaScript 代码引入 HTML 中有哪些方式?
4. 如何在 JavaScript 中创建学生选课 select 下拉列表?

单元 7

jQuery 基础

案例宏观展示引入

通过前面的学习,通过 JavaScript 实现元素过滤、重用元素、检查元素和切换样式等功能的代码比较多、烦琐,但是通过 jQuery 来实现只需要调用相应的函数就可以了。

某电商购物网站商品展示案例如图 7-1 所示。

本单元主要介绍 jQuery 基础、jQuery 选择器、jQuery 遍历和修改以及 jQuery 事件函数,让读者对 jQuery 充分的了解和认识,能够看懂基本的 jQuery 源代码,会用 jQuery 代码实现选项卡、二级菜单等制作。

图 7-1 jQuery 商品展示效果案例

学习任务

☑ 理解 jQuery 的概念。
☑ 掌握 jQuery 的含义及其使用方法。
☑ 掌握 jQuery 与 CSS。
☑ 了解 jQuery 与 Ajax 异步请求。

任务 7.1　认识 jQuery

任务描述

(1) 理解 jQuery。
(2) 掌握 jQuery 的引入。
(3) 掌握 jQuery 选择器的使用。

jQuery 是一个 JavaScript 库,是继 Prototype 之后又一个优秀的 JavaScript 代码库,用 jQuery 可以简化 JavaScript 编程,被认为是一个轻量级的"写得少,做得多"的 JavaScript 库。jQuery 通过封装 JavaScript 常用的功能代码,提供一种简便的 JavaScript

设计模式，优化 HTML 文档操作、事件处理、动画设计和 Ajax 交互。

jQuery 库的功能如下：HTML 元素选取；HTML 元素的操作；CSS 样式切换；事件函数；JavaScript 特效和动画；HTML DOM 遍历、增加、删除和修改；Ajax 实现异步请求操作；Utilities。

jQuery 语法是通过选取 HTML 元素，并对选取的元素执行某些操作。使用 jQuery 需注意：$ 符号必须用英文输入法输入；括号内的选择器必须用英文状态的双引号；调用的方法无论是否有参数必须加括号。

jQuery 的核心特性可以总结为：具有独特的链式语法和短小清晰的多功能接口；具有高效灵活的 CSS 选择器，并且可对 CSS 选择器进行扩展；拥有便捷的插件扩展机制和丰富的插件。

（1）快速获取文档元素。jQuery 的选择机制构建于 CSS 的选择器，它提供了快速查询 DOM 文档中元素的方法，而且大大强化了 JavaScript 中获取页面元素的方式。

（2）提供漂亮的页面动态效果。jQuery 中内置了一系列的动画效果，可以开发出非常漂亮的网页，许多网站都使用 jQuery 的内置效果，比如淡入淡出、元素显示和隐藏等。

（3）创建 Ajax 无刷新网页。Ajax 是异步的 JavaScript 和 XML 的简称，可以开发出非常灵敏无刷新的网页，特别是开发服务器端网页时，比如 PHP 网站，需要往返地与服务器通信，如果不使用 Ajax，每次数据更新不得不重新刷新网页，而使用 Ajax 特效后，可以对页面进行局部刷新，提供动态的效果。

（4）提供对 JavaScript 语言的增强，比如元素迭代和数组处理等操作。

（5）增强的事件处理，jQuery 在处理事件绑定时非常可靠。

1. jQuery 的引入

jQuery 可以用以下两种方法引入 HTML 网页文档。

（1）第一种方法是引入 jQuery 库文件的方法，在 HTML 文档中使用 <script> 标签引入。文件从 https://jquery.com/download/ 网站下载最新版本，保存至网页文件目录下，文件名称为 jquery-3.6.0.js。在网页文件的 <head> 标签中加入如下代码。

```
<head>
    <script src="jquery3.6.0.js"></script>
    <script src=""></script>
</head>
```

📢 提示：务必将下载的文件放在网页的同一目录下，才可以使用 jQuery，在实际开发中大家可以根据实际情况调成 jQuery 库所在路径，注意修改引入库的路径即可。

（2）第二种方法是如果不希望下载并存放 jQuery，也可以通过 CDN（内容分发网络）引用它，百度、又拍云、新浪、谷歌和微软的服务器都存有 jQuery，国内最好使用百度、又拍云、新浪等国内 CDN 地址，本例为官网直接引入库。

```
<head>
    <script src="https://code.jquery.com/jquery-3.6.0.js">
    </script>
</head>
```

许多用户在访问其他站点时,已经从百度、又拍云、新浪、谷歌或微软加载过 jQuery。所以结果是,当他们访问站点时,会从缓存中加载 jQuery,这样可以减少加载时间。同时,大多数 CDN 都可以确保当用户向其请求文件时,会从离用户最近的服务器上返回响应,这样也可以提高加载速度。

另外,在浏览器输入一个网址,打开对应的网页后,按 F12 键切换到网页调试模式,可以在浏览器的控制台窗口中使用 $.fn.jquery 命令查看当前网页所用的 jQuery 版本,如图 7-2 所示。

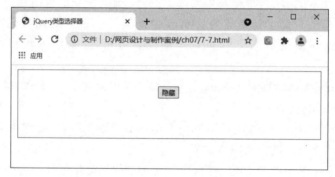

图 7-2　浏览器中查看 jQuery 版本

提示:

Console 下输入的命令必须采用英文输入法。

2. jQuery 的基本语法

jQuery 的基本语法是:$(selector).action()。

(1) $ 符号定义 jQuery。

(2) 选择符(selector)"查询"和"查找" HTML 元素。

(3) jQuery 的 action() 执行对元素的操作和 JavaScript 事件的区别是 action 的名称都是小写字母。例如:

```
$(this).click(function(){})      //单击当前元素调用对应函数
```

jQuery 中 this 指向当前对象,click 是单击事件,单击当前对象实现对应的操作。例如:

```
$("ul").hide()                   //隐藏所有无序列表
$("p.test").hide()               //隐藏所有 class="test" 的所有元素
$("#test").hide()                //隐藏所有 id="test" 的标签<p>元素
```

> ⚠ **注意:**
> action 后面无论是否有参数,()必须保留。

为了防止操作一个不存在的元素,jQuery 和 JavaScript 一样有一个入口函数,入口函数的代码会在页面加载完所有的元素后执行,在实际操作中将所有 jQuery 函数写入一个 document.ready()函数中。

```
$(document).ready(function(){
    //jQuery 代码
});
```

简写如下(与上面代码的效果一样)。

```
$(function(){
    //jQuery 代码
});
```

> 📢 **提示:**
> jQuery 入口函数在标签及 DOM 加载完成之后自动执行,与页面数据是否加载完成无关。

📝 **同步练习**

请参照上述任务实例,利用 jQuery 获取文本框内输入的用户名字符串。

任务 7.2 认识 jQuery 选择器

➡ **任务描述**

(1) 理解选择器的含义。
(2) 熟练运用各种选择器查找 HTML 元素。

jQuery 选择器允许开发者对 HTML 元素组或单个元素进行操作,利用选择器就可实现事件绑定、DOM 遍历和 Ajax 操作,选用合适的选择器可以大大提高编码效率。

jQuery 中选择器比 JavaScript 中获取元素代码简洁,如表 7-1 所示。

$ 是 jQuery 对象,$()是 jQuery,在里面可以传参数,其作用就是获取元素,jQuery 中通过传入不同的类型返回指定的元素对象。jQuery 选择器如表 7-2 所示。

表 7-1 JavaScript 和 jQuery 对比

选择器	JavaScript 获取元素	jQuery 获取元素
id	Document.getElementById("id")	$("#id")
class	Document.getElementsByClassName("class")	$(".class")
标签	Document.getElementsByTagName("标签")	$("标签")

表 7-2 jQuery 选择器

选 择 器	语 法	描 述
id 选择器	$("#id")	通过 HTML 元素的 id 属性选取指定的元素
类选择器	$(".class")	通过指定的 class 查找元素
元素选择器	$("TagName")	基于元素名选取元素,如 P、A、div 等
类型选择器	$(":button")	选取所有 type="button" 的 <input> 元素和 <button> 元素
属性选择器	$("[属性]")	选取带有此属性的元素,如 href、value
属性值选择器	$("[target='_blank']")	选取所有 target 属性值等于 "_blank" 的元素
位置选择器	$("p:first")	选取第一个<p>的元素
子孙选择器	$("div").children("img")	选取元素 div 中名称为 img 的元素
模糊选择器	$("[href $ = '.jpg']")	所有带有以 ".jpg" 结尾的属性值的 href 属性

任务 7.2.1 id 选择器

jQuery 选择器如何准确地选取用户指定 HTML 中的元素并设置相应效果、属性是 jQuery 应用的重点。选择器允许用户对 HTML 元素组或单个元素进行操作,或者说选择器允许用户对 DOM 元素组或单个 DOM 节点进行操作。

jQuery 中♯id 选择器通过 HTML 元素的 id 属性选取指定的元素。

为元素设定 id 属性就是要唯一标识页面中的元素,所以当用户要在页面中选取唯一的元素时需要通过 ♯id 选择器,在 HTML 中

```
<div id="test"></div>
```

通过 id 选取 div 元素的语法如下。

```
$("#test")    //通过 id 属性获取唯一的一个 div
```

上述方法是由 JavaScript 中的 document.getElementById()演变而来的。

任务实例 7-2-1 id 选择器案例

在 HTML 页面存在 id 为 test 的 div 元素,当单击按钮后隐藏 div 元素。

任务分析:①$("♯test")是 jQuery 绑定具有 id 属性的 div 元素;②$("button").click 给 button 按钮元素添加单击事件;③$("♯test").hide();调用 hide()方法隐藏 div 元素。

该案例的主要操作步骤如下。

(1) 打开 HBuilder(X)编辑软件,创建 HTML 文件,输入如下代码。

```
<!doctype html>
<html>
  <head>
```

```html
<title>jQuery类型选择器</title>
<meta charset="utf-8">
<script type="text/javascript" src="jquery-3.6.0.js"></script>
<style>
 #test{
  width:100px;
  height:100px;
  border:1px solid red;
  margin:0px auto;
  background-color: aqua;
 }
</style>
</head>
<body align="center">
  <script>
    $(document).ready(
    function(){
     $("button").click(
     function(){
        $("#test").hide();         //id名为test的控件隐藏
     });
     });
  </script>
  <div id="test"align="center"> </div>
  <input type="button" value="隐藏">
</body>
</html>
```

（2）将其保存为网页文件。

（3）在浏览器中浏览的效果如图7-3所示，单击隐藏按钮，div所示效果隐藏。

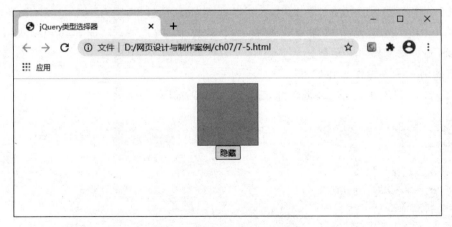

图7-3 利用jQuery方法隐藏

提示：

$(document).ready( )将函数放到 ready 中，会在网页完全加载页面后执行程序，防止发生对象不存在的错误。jQuery 的优点是可以随时绑定对象。

同步练习

请参照上述任务实例，利用 jQuery 绑定 id 名为 box 的 div 元素，单击按钮后 div 元素背景颜色发生变化。

任务 7.2.2 类选择器

jQuery 类选择器可以通过指定的 class 查找元素。类名选择器是通过元素拥有的 CSS 类的名称查找匹配的 DOM 元素，在一个页面中，一个元素可以有多个 CSS 类，一个 CSS 类又可以匹配多个元素，如果元素中有一个匹配的类的名称就可以被类名选择器选取到，CSS 类与元素的关系既可以是多对多的关系，也可以是一对多或多对一的关系。简单地说，类名选择器就是以元素具有的 CSS 类名称查找匹配的元素。

```
<div class="test"></div>
<p class="test"></p>
```

类名选择器的语法如下。

```
$(".test")
```

$(". test") 是由 JavaScript 中的 document.getElementsByClassName( ) 演变而来的。

任务实例 7-2-2 类选择器案例

在 HTML 页面存在 class 为 test 的 div 元素，当单击按钮后隐藏 div 元素。

任务分析：①$(". test")是 jQuery 绑定具有 class 属性的 div 元素；②$("button").click 给 button 按钮元素添加单击事件；③函数中$(". test")选取对象，然后调用其.hide( );方法隐藏 div 元素。

该案例的主要操作步骤如下。

（1）打开 HBuilder(X)编辑软件，输入主要代码如下。

```
<body align="center">
 <script>
$(document).ready(
function(){
  $(":button").click(
    function(){
      $(".test").hide();            //class 名为 test 的控件隐藏
    });
});
```

```
</script>
<div class="test" > </div>
<p class="test" > </p>
 <input type="button" value="隐藏">
</body>
```

(2) 将其保存为网页文件。
(3) 在浏览器中浏览的效果与图 7-2 类似。

同步练习

请参照上述任务实例，利用 jQuery 对类名为 box 的一组不同类型元素修改背景色如（div、button 等）。

任务 7.2.3　元素选择器

jQuery 类选择器也可以通过标签名称选取指定的元素，主要依据 HTML 中的标签名称选择所需要的元素，HTML 代码如下。

```
<p class="p1">red</p>
<div class="div1">green</div>
<p class="p2">blue</p>
<p class="p3">pink</p>
```

jQuery 中元素选择器的语法如下。

```
$("p")      //获取标签 p 的所有元素,并对元素 p 进行相应的操作
```

$("p")是由 JavaScript 中的 document.getElementsByTagName()演变来的。

任务实例 7-2-3　元素选择器案例

单击按钮，将页面中标签 p 的背景色设为红色。

任务分析：①$("p")是 jQuery 绑定标签名为 p 的元素；②$("p").click 给 p 元素添加单击事件；③在函数中$("p")获取对象，调用.css()方法设置背景颜色，参数分为属性及属性值。

该案例的主要操作步骤如下。
(1) 打开已经安装的 HBuilder(X)编辑软件，输入主要代码如下。

```
<body align="center">
 <script>
   $(document).ready(
    function(){
 $(":button").click(
   function(){
```

```
        $("p").css("text-align","center");    //按照标签设置相应属性
        $("p").css("background","red");
    });
});
</script>
<p class="p1">red</p>
<div class="div1">green</div>
<p class="p2">blue</p>
<p class="p3">pink</p>
    <input type="button" value="变色">
</body>
```

（2）将其保存为网页文件。

（3）在浏览器中浏览的效果如图7-4所示。

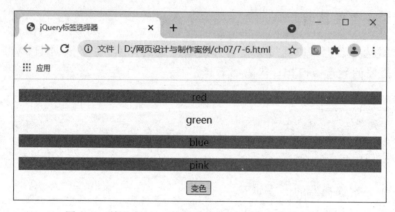

图7-4 利用jQuery对指定标签元素修改背景色效果

同步练习

请参照上述任务实例，利用jQuery标签名为input的一组元素修改width和height属性。

任务7.2.4 属性选择器

jQuery类选择器也可以通过指定的元素属性查找元素，类型选择器如表7-3所示。

表7-3 类型选择器

语　　法	描　　述
$("[href]")	选择包含href属性的元素
$("[href='home.cdpc']")	选择属性为href并且属性值为home.cdpc的元素
$("[href^='http']")	选择属性为href并且以http开头的属性值
$("[href$='com']")	选择属性为href并且以com结尾的属性值
$("[href*='d']")	选择所有href属性包含d这个字符的元素，可以是中英文
$("[href!='cdpc']")	选择href属性不等于cdpc的所有元素（包括没有href的元素）

任务实例 7-2-4　属性选择器案例

实现单击隐藏按钮将属性为 href 的元素隐藏。

任务分析：本例使用元素属性筛选元素。① $("[href]")是 jQuery 过滤标签属性中包含"href"的元素；② $("button").click 给按钮添加单击事件；③ $("href").hide();方法隐藏元素。

该案例的主要操作步骤如下。

(1) 打开已经安装的 HBuilder(X)编辑软件，输入主要代码如下。

```
<body>
  <script>
    $(document).ready(
    function(){
      $(":button").click(
      function(){
        $("[href]").hide();         //属性为 href 的控件隐藏
      });
    });
  </script>
  <div class="test" align="center">
   <a href="http://www.baidu.com">百度</a>
   <a href="http://www.163.com">网易</a>
   <input type="button" value="隐藏">
  </div>
</body>
```

(2) 将其保存为网页文件。

(3) 在浏览器中浏览的效果如图 7-5 所示，单击隐藏按钮，"百度"和"网易"超级链接隐藏。

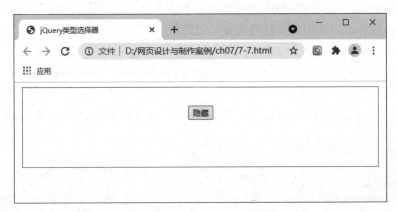

图 7-5　href 属性的元素隐藏

上面的例题中将具有属性 href 的元素都隐藏了,在下面的任务中将测试利用属性值选择元素的方法。

同步练习

单击按钮,将 href 属性中属性值以 a 开头的<a>标签文本变为红色;将 href 属性中属性值以 com 结尾的<a>标签文本变为黄色;将 href 属性中属性值包含 d 的<a>标签文本变为绿色。

利用属性值选择元素:① $("[href^='a']")是 jQuery 过滤标签属性"href"的值以字符'a'开头的元素;② $("button").click 给按钮添加单击事件;③ $("[href^='a']").css("color","red");方法修改'color'属性的值。

任务 7.2.5 位置选择器

jQuery 中允许利用元素所在位置来获取所需组件,通过位置选择器可以更加迅速、便捷地找到所需要的元素,但是严格来说很多位置选择器都不是 CSS 的规范,位置选择器的用法与前面选择器不相同,采用了冒号(:)开头的写法,如表 7-4 所示。

表 7-4 位置选择器

语　法	描　述
$("p:first")	匹配网页中满足选择器 p 的第一个元素
$("p:first-child")	所有匹配选择器 p 的第一个元素
$("p:nth-child(n)")	页面中匹配选择器 p 的第 n 个子元素,从 1 开始
$("p:eq(n)")	第 n 个匹配选择器 p 的元素,从 0 开始
$("p:odd")	所有奇数位匹配选择 p 的元素
$("p:even")	所有偶数位匹配选择 p 的元素

任务实例 7-2-5 位置选择器案例

页面存在两组无序列表,利用无序列表中的 li 列表项分别用 first 和 first-child 的方法选取元素,并将对应元素的字体颜色变为红色。

任务分析:① $("ul li:first")选择页面中第一个 ul 标签下的第一个元素;② $("button").click 给按钮添加单击事件;③ $("ul li:first").css("color","red");修改'color'属性值。

该案例的主要操作步骤如下。

(1) 打开已经安装的 HBuilder(X)编辑软件,创建 HTML 文件,并输入如下代码。

```
<!doctype html>
<html>
 <head>
  <title>jQuery 位置选择器</title>
  <meta charset="utf-8">
  <script type="text/javascript" src="jquery-3.6.0.js"></script>
```

```
<style>
ul,input{
    margin-top:20px;
margin-left:100px;
    font-size:10px;
    }
 </style>
 </head>
 <body>
    <script>
      $(document).ready(
      function(){
      $(":button").click(
      function(){
       $("ul li:first").css("color","red");          //位置选择器first和first-child
      });
      });
    </script>
    <ul>
      <li>红茶</li>
       <li>绿茶</li>
       <li>奶茶</li>
       <li>橙汁</li>
    </ul>
    <ul>
      <li>汉堡</li>
       <li>比萨</li>
       <li>煎饼</li>
       <li>包子</li>
    </ul>
     <input type="button" value="变色">
   </body>
</html>
```

（2）将其保存为网页文件。

（3）在浏览器中浏览的效果如图7-6所示。

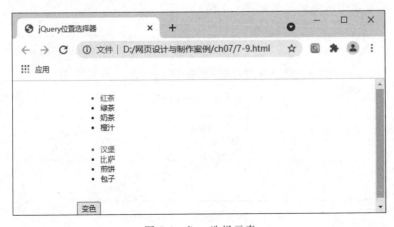

图7-6 first选择元素

🔊 **提示**：

first 匹配 ul 中 li 项中第一个满足条件的 li 列表项，first-child 匹配页面中所有 ul 中 li 项中的第一项。

⚠️ **注意**：

(1) 书写时选择器必须用双引号。

(2) 通过 jQuery 设置属性时，属性必须用双引号。

📝 **同步练习**

在无序列表中分别将偶数、奇数位置，索引值为 2，索引值小于 2，索引值大于 2 的列表项用不同颜色表示出来。

任务分析：① $(".first li:even") 选择页面中类名为"first"标签索引值为奇数的列表项；② $(".first li:odd") 选择页面中类名为"first"标签中索引值为偶数的列表项；③ $(".second li:eq(2)") 选择页面中类名为"second"的标签中索引值为 2 的列表项。

任务 7.2.6 利用 jQuery 遍历 HTML 单个元素及元素组

HTML 中最常见的是单击一组元素中的某个元素后确定其位置，进行相应的设置。

🌟 **任务实例 7-2-6 选择器案例**

单击无序列表选项，显示选项下标索引，并将当前列表项内的字体变为红色。

任务分析：①首先获取当前对象，显示被单击的列表项下标索引，this 指针帮助获取当前对象；② $("#course li").index(this)；获取当前对象的索引值；③ $(this).siblings() 获取兄弟节点的对象，获取到对象后调用 css() 方法设置属性值。

该案例的主要操作步骤如下。

(1) 打开已经安装的 HBuilder(X) 编辑软件，创建 HTML 文件，输入如下代码。

(2) 将其保存为网页文件。

(3) 在浏览器中浏览的效果如图 7-7 所示。

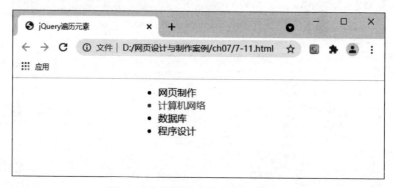

选择器案例参考代码

图 7-7 修改当前元素字体颜色属性

> **提示：**
> 将代码放到 ready() 中，是为了页面加载完成后再运行代码。

同步练习

请参照上述任务实例，利用 jQuery 实现单击下拉选项时对应的文本变色。

任务 7.3 jQuery 与 HTML

任务描述

（1）理解 jQuery 和 HTML 的语法规则。

（2）熟练运用 jQuery 查找 HTML 元素。

jQuery 中操作 HTML 中 DOM 的能力是非常重要的部分，DOM 是 Document Object Model 的缩写，中文意思是文档对象模型，DOM 定义访问 HTML 和 XML 文档的标准：W3C 文档对象模型独立于平台和语言的界面，允许程序和脚本动态访问和更新文档的内容、结构以及样式。也就是说，通过 DOM 接口可以很容易地访问 HTML 中的全部元素，并对其进行相应的操作。这些操作适用于不同的浏览器下对 HTML 中元素进行查找、增加、删除和修改等操作。

任务 7.3.1 添加 HTML 元素

在网页制作中经常会根据操作需要动态创建新的 HTML 元素，使用户根据不同的操作需求得到不同的页面效果，通过 jQuery 添加 HTML 元素的方法如表 7-5 所示。

表 7-5 jQuery 添加元素的方法

方　法	描　述	方　法	描　述
append()	在被选元素的结尾插入内容	after()	在被选元素之后插入内容
prepend()	在被选元素的开头插入内容	before()	在被选元素之前插入内容

（1）append() 方法在被选中元素内部的结尾处增加新的元素。上例中，采用 append() 方法将"冰红茶"列表项添加到无序列表中"橙汁"的后面。

（2）prepend() 方法在被选中元素内部的开头处增加新的元素。上例中，采用 prepend() 方法将"冰红茶"列表项添加到无序列表中"红茶"的前面。

（3）after() 方法在被选中元素结束后增加新的元素。上例中，采用 after() 方法将"冰红茶"列表项添加到无序列表的后面作为一个新的无序列表项（无序列表项前面图形位置可以看出来）。

（4）before() 方法在被选中元素开始前增加新的元素。上例中，采用 before() 方法将"冰红茶"列表项添加到无序列表的前面作为一个新的无序列表项（从无序列表项前面图形位置可以看出来）。

提示：

(1) append()和 prepend()分别是在备选元素内开头或者结尾插入内容，增加的是子节点。

(2) after()和 before()分别是在被选元素之前或者之后插入内容，增加的是兄弟节点。

(3) 上面四种方法有两种情况增加内容或者元素对象。

任务实例 7-3-1　增加 HTML 元素案例

任务分析：页面增加元素分两步，第一步，定位；第二步，添加元素。利用 $("ul").append()方法在被选无序列表的结尾(仍然在内部)插入指定内容；$("ul").prepend()方法在被选无序列表的开头(仍位于内部)插入指定内容；$("ul").after()方法在被选无序列表的结尾(在元素外部)插入指定内容；$("ul").before()方法在被选无序列表的前面(在元素外部)插入指定内容。

增加 HTML 元素的主要操作步骤如下。

(1) 打开 HBuilder(X)，创建 HTML 文件，输入主要代码如下。

```html
<body>
  <script>
    $(document).ready(function(){
      $("#first").click(function(){
        $("ul").append("<li>柠檬茶</li>"); //采用不同方法增加元素的位置
      });
      $("#second").click(function(){
        $("ul").prepend("<li>露露</li>");
      });
      $("#third").click(function(){
        $("ul").after("<li>咖啡</li>");
      });
      $("#fouth").click(function(){
        $("ul").before("<li>加多宝</li>");
      });
    });
  </script>
  <h3>增加冰红茶选项</h3>
    <ul class="first">
      <li>红茶</li>
      <li>绿茶</li>
      <li>奶茶</li>
      <li>橙汁</li>
    </ul>
    <input type="button" id="first" value="append方法">
    <input type="button" id="second" value="prepend方法">
    <input type="button" id="third" value="after方法">
    <input type="button" id="fouth" value="before方法">
</body>
```

（2）将其保存为网页文件。
（3）在浏览器中浏览的效果如图7-8所示。

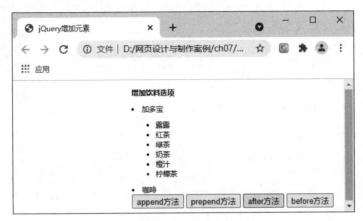

图7-8　无序列表案例显示效果

🔊 提示：

在HTML中创建元素有多种方法，举例如下。

```
var txt1="<li>冰红茶</li>";                    //HTML 方法
var txt2=$("<li></li>").text("冰红茶 ");        //使用 jQuery 创建元素
var txt3=document.createElement("li");          //使用 DOM 创建元素
```

📓 同步练习

请参照上述任务实例，利用jQuery实现将文本框中输入的文本添加到已存在无序列表中的指定位置。

任务7.3.2　删除元素

jQuery可以帮助HTML轻松地增加元素，同样，如果在HTML中某些元素是多余的，也可以很容易地通过jQuery将元素删除。在jQuery中通过remove()和empty()方法可以实现删除操作，如表7-6所示。

表7-6　jQuery中删除元素

方法	描述
remove()	删除被选元素（及其子元素）
empty()	从被选元素中删除子元素

remove()方法的作用是删除被选元素，如果被选元素中包含子元素，其子元素也会一同被删除。

任务实例 7-3-2　删除 div 元素及其子元素

任务分析：①$("div")，jQuery 通过绑定标签名称的方法选定元素；②调用 remove() 方法删除 div 元素及其包含的子元素。

该案例的主要操作步骤如下。

（1）打开已经安装的 HBuilder(X) 编辑软件，创建 HTML 文件，输入代码。

删除 div 元素及其子元素
主要参考代码

（2）将其保存为网页文件。
（3）在浏览器中浏览的效果如图 7-9 所示。

图 7-9　删除 div 后效果

在 empty() 方法中将 div 标签中包含的 img、p 标签及其内容删除了，作为父元素的 div 标签仍然保留。

同步练习

通过 $("div") 绑定元素，调用 empty() 方法，清空当前素包含的所有内容。

提示：

在 remove() 方法中可以接受一个参数允许对被删除元素进行过滤。

```
$("选择器").remove("过滤器名称")        //过滤器名称和选择器一样可以是类名或者 id 名称
```

任务 7.3.3　jQuery 设置元素

在 HTML 中经常需要动态设置某些元素的值，使网页在浏览器中呈现不同的内容，本小节中主要介绍 html()、text()、val() 方法设置元素内容，clone() 方法克隆元素，replaceWith() 方法替换元素。

（1）html() 方法，设置或返回所选元素的内容 (包括 HTML 标记)，如 $("div").html()。

（2）text() 方法，用于 HTML 元素文本内容提取，如 $("div").text()。

（3）val() 方法，设置或返回表单字段的值，如 $("input").val()。

（4）clone()方法，生成被选元素的副本，包含子节点、文本和属性，如$("div").clone()。

（5）replaceWith()方法，用指定的 HTML 内容或元素替换被选元素，如$("p").replaceWith("Hello world!")。

调用 text()方法设置的内容不会被 HTML 解析，用于元素里的内容是纯文本；调用 html()方法设置的内容会被 html 解析，用于元素里的内容含有 html 标记；val()方法用于设置表单对象的值。

任务实例 7-3-3　修改 HTML 的基本元素内容

任务分析：通过绑定元素，调用 text()、html()、val()等方法修改元素内容。

该案例的主要操作步骤如下。

（1）打开已经安装的 HBuilder(X)编辑软件，创建 HTML 文件，输入如下代码。

```
<!doctype html>
<html>
 <head>
  <title>jQuery 设置元素</title>
  <meta charset="utf-8">
  <script type="text/javascript" src="jquery-3.6.0.js"></script>
  <style>
  *{
    font-size:10px;
  }
  </style>
  <script>
  $(document).ready(function(){
    $("#btn1").click(function(){
      $("#test1").text("Hello world!");      //不同方法设置控件的文本属性
    });
    $("#btn2").click(function(){
      $("#test2").html("<b>Hello world!</b>");
    });
    $("#btn3").click(function(){
      $("#test3").val("Hello World");
    });
  });
  </script>
 </head>
  <body align="center">
   <p id="test1">这是一个段落。</p>
   <p id="test2">这是另外一个段落。</p>
   <p>输入框：<input type="text" id="test3" value="这是个文本框"></p>
   <button id="btn1">设置文本</button>
   <button id="btn2">设置 HTML</button>
   <button id="btn3">设置值</button>
  </body>
</html>
```

(2) 将其保存为网页文件。

(3) 在浏览器中浏览的效果如图 7-10 所示。

图 7-10 利用不同方法修改元素内容效果

在 HTML 中除了设置元素内容,有时还需要改变元素属性,如设置元素背景颜色、字体颜色,高度和宽度等。jQuery 中通常用 attr()方法来设置或者改变属性。

任务实例 7-3-4 照片转换案例

任务分析:本案例是通过绑定元素修改元素对应属性的具体应用,实施过程定义按钮的单击事件,$("img").attr("src","./images/02.png"),修改 img 标签中文件名称的属性修改图像的 attr 方法设置属性。

该案例的主要操作步骤如下。

(1) 打开已经安装的 HBuilder(X)编辑软件,创建 HTML 文件,输入代码如下。

```html
<!doctype html>
<html>
 <head>
  <title>jQuery 设置元素属性</title>
  <meta charset="utf-8">
  <script type="text/javascript" src="jquery-3.6.0.js"></script>
 <script>
$(document).ready(function(){
  $("#btn1").click(function(){
    $("img").attr("src","./images/02.png");         //单击按钮通过 attr 修改 src 属性
  });
});
</script>
</head>
<body>
<img src="./images/01.png">
<button id="btn1">照片替换</button>
 </body>
</html>
```

（2）将其保存为网页文件。
（3）在浏览器中浏览的效果如图 7-11 所示。

图 7-11　计算机图像转换为照相机图片

clone()方法的作用是在 jQuery 中复制 HTML 元素，也就是说选定 HTML 中的元素并成功克隆副本，并把副本添加到指定位置。

同步练习

克隆 HTML 照片，单击按钮，复制页面中当前图片，并在该页面上展示。

任务分析：单击 button 然后复制指定的 img，并把克隆出来的 img 插入指定 body 中。显示克隆照片案例分为两步：第一步，绑定元素并调用 clone()方法克隆当前元素；第二步，将克隆元素用 appendTo()方法添加到页面。

提示：

在 jQuery 中，replaceWith()方法用于替换 HTML 中选定的元素的语法是 A.replaceWith("B")。

任务 7.3.4　jQuery 设置 CSS

jQuery 利用 css()方法设置所有匹配的元素中样式属性的值，其语法如下。

```
$ (selector).css(name,value)
```

在 JavaScript 中可以通过 style 设置或者获取元素属性值，在 jQuery 中是通过 css()方法设置或者获取元素值。

任务实例 7-3-5　HTML 元素属性修改案例

任务分析：本例演示如何利用 jQuery 修改 HTML 中属性的基本语法，首先利用 jQuery 绑定相应元素，然后调用 css()方法。css()方法参数成对出现，一个是属性，另外一个是对应的属性值。单击按钮把 div 元素的背景由红色改为粉色。

该案例的主要操作步骤如下。

(1) 打开已经安装的 HBuilder(X)编辑软件，输入如下 HTML 代码。

```html
<!doctype html>
<html>
 <head>
  <title>jQuery 设置 CSS</title>
  <meta charset="utf-8">
  <script type="text/javascript" src="jquery-3.6.0.js"></script>
  <style>
  div{
     width:100px;
     height:100px;
     background-color:red;
     margin:10px auto;
  }
  </style>
 </head>
 <body>
  <script>
  $(document).ready(function(){
    $("#btn1").click(function(){
      $("div").css("background-color","pink");         //为 css()方法设置对应的属性值
    });
  });
  </script>
  <div>
  </div>
  <button id="btn1">设置 CSS</button>
 </body>
</html>
```

(2) 将其保存为网页文件。

(3) 在浏览器中浏览的效果如图 7-12 所示。

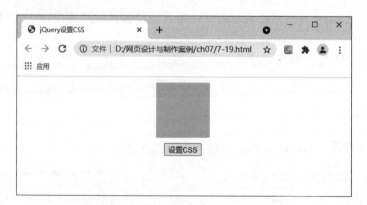

图 7-12　使用 css()方法修改 div 背景色效果

> **提示：**
>
> 也可以通过这种方法获取 css 的值，基本语句如下。

```
var txt=$("div").css("background-color");
```

变量 txt 中是 div 元素 background-color 的属性值。

同步练习

请参照上述任务实例，利用 jQuery 修改 div 高度和宽度属性。

任务 7.4　jQuery 事件

任务描述

（1）理解事件的含义。
（2）掌握常见的事件。

页面对不同访问者的响应叫作事件。事件处理程序是指当 HTML 中发生某些事件时所调用的方法。jQuery 是专门为事件处理设计的。jQuery 中常见的事件包括鼠标事件、键盘事件、表单事件和文档窗口事件。例如，在元素上移动鼠标事件，单击按钮或者在窗口单击滑动块等。

在 jQuery 中大多数的 DOM 事件都有个等效的 jQuery 事件，在事件中经常使用术语"触发"（或"激发"）。jQuery 中常用的事件如表 7-7 所示。

表 7-7　jQuery 常用事件

鼠标事件	键盘事件	表单事件	文档窗口事件
click	keypress	submit	load
dblclick	keydown	change	resize
mouseenter	keyup	focus	Scroll
mouseleave		blur	unload
hover			

任务 7.4.1　jQuery 事件绑定

当页面加载完成后，需要为某个元素添加事件完成某个指定操作，就可以使用 bind() 方法。bind() 方法可以向被选元素添加一个或多个事件处理程序，以及当事件发生时运行的函数，其基本语法如下。

```
$(selector).bind(event,data,function,map)
```

（1）必需参数 event，规定添加到元素的一个或多个事件，由空格分隔多个事件值，必须是有效的事件。如 click()、keypress() 等。

(2) 可选参数 data，规定传递到函数的额外数据。

(3) 必需参数 function，规定当事件发生时运行的函数。

(4) 参数 map，规定事件映射（{event:function，event:function，…}），包含要添加到元素的一个或多个事件，以及当事件发生时运行的函数。

任务实例 7-4-1 事件绑定案例

利用 jQuery 中的 bind() 方法给 HTML 元素绑定单击事件，通过页面加载过程给元素动态添加 click 事件，显示 div 元素。

任务分析：单击按钮将隐藏的 div 元素显示出来，元素在 HTML 中不预先调用函数，通过 ready() 加载将事件和函数绑定，达到动态为元素添加事件的目的。操作步骤如下：①加载页面，页面上所有元素都显示完毕；②通过 bind() 方法绑定单击事件；③调用函数，将隐藏的元素显示出来。

该案例的主要操作步骤如下。

(1) 打开已经安装的 HBuilder(X) 编辑软件，创建 HTML 文件，输入如下代码。

```html
<!doctype html>
<html>
 <head>
  <title>jQuery绑定事件</title>
  <meta charset="utf-8">
  <script type="text/javascript" src="jquery-3.6.0.js"></script>
  <style>
  div{
      width:100px;
      height:100px;
      background-color:red;
      display:none;
      margin:10px auto;
   }
  </style>
 </head>
 <body align="center">
 <script>
$(document).ready(function(){
  $("#btn1").bind("click",function(){        //控件绑定click事件
      $("div").show();
  });
});
 </script>
  <div>
  </div>
  <button id="btn1">绑定事件</button>
 </body>
</html>
```

（2）将其保存为网页文件。

（3）在浏览器中浏览的效果如图 7-13 所示。

图 7-13　按钮绑定单击事件效果示例

📢 提示：

在实际应用中也提供了一种简单写法实现事件绑定，实现效果与用 bind()方法效果相同，其缺点是每次只能添加一个事件；其优点是代码简单易懂，而 bind()方法可以一次添加多个事件。

同步练习

请参照上述任务实例，利用 jQuery 绑定事件，给 div 绑定鼠标进入事件，div 隐藏。

任务 7.4.2　jQuery 鼠标事件

鼠标事件是在用户移动鼠标光标或者使用任意鼠标键单击时触发的。

1. click()方法

当用户单击鼠标左键时触发，并调用单击事件对应的函数。

任务实例 7-4-2　单击 div 元素，背景颜色发生变化

任务分析：单击 div 元素时，背景颜色由红变为粉色。鼠标事件包括单击、双击、拖动等，本例 div 通过鼠标单击事件调用函数，修改 div 的背景颜色，其主导思想与 JavaScript 中相同。

该案例的主要操作步骤如下。

（1）打开已经安装的 HBuilder(X)编辑软件，新建 HTML 文件，主要代码如下。

```
<body>
 <script>
$(document).ready(function(){
   $("div").click(function(){
      $("div").css("background-color","pink");        //click 鼠标单击事件
```

```
        });
    });
</script>
<div>
    单击变色
</div>
 </body>
```

(2) 将其保存为网页文件。

(3) 在浏览器中浏览的效果如图 7-14 所示。

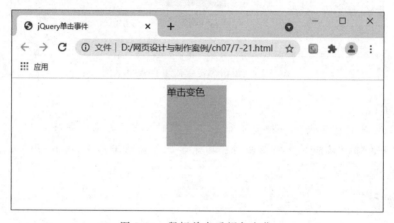

图 7-14　鼠标单击后颜色变化

2. dblclick()方法

双击 HTML 元素时会触发 dblclick 事件。dblclick()方法触发 dblclick 事件,或规定当发生 dblclick 事件时运行的函数,双击要求鼠标指向元素,并在一定时间内连续两次单击元素。

任务实例 7-4-3　双击 div 元素,背景颜色发生变化

任务分析:双击 div 元素时,背景颜色由红变为粉色。其代码与单击相同,但事件名称不同。① $("div").dblclick 鼠标双击事件添加;② $(this).css()方法设置颜色变化。

其主要代码如下。

```
<script>
  $(document).ready(function(){
    $("div").dblclick(function(){              //dblclick()双击事件
      $(this).css("background-color","pink");   //this 指向当前对象
    });
  });
</script>
```

3. mouseenter()方法

当鼠标指针穿过元素时，会发生 mouseenter 事件。mouseenter()方法触发 mouseenter 事件，或规定当发生 mouseenter 事件时运行的函数。

任务实例7-4-4 当鼠标进入 div 后元素背景颜色发生变化并弹出对话框提示

任务分析：鼠标进入 div 元素时，弹出提示对话框，背景颜色由红变为粉色。编写 mouseenter 事件，主要代码与单击事件相同。

其主要代码如下。

```
<script>
$(document).ready(function(){
    $("div").mouseenter(function(){
        $("div").css("background-color","pink");
        alert("您的鼠标进入 div");
    });
});
</script>
```

4. mouseleave()方法

当鼠标指针离开元素时，会发生 mouseleave 事件。mouseleave()方法触发 mouseleave 事件，或规定当发生 mouseleave 事件时运行的函数。

任务实例7-4-5 当鼠标离开 div 时弹出对话框提示离开 div

任务分析：鼠标离开 div 元素时，弹出提示对话框，提示鼠标离开。编写 mouseleave 事件，主要代码与单击事件相似。

其主要代码如下。

```
<script>
 $(document).ready(function(){
 $("div").mouseleave(function(){
     alert("您的鼠标离开 div");
    });
 });
</script>
```

5. hover()方法

hover()方法用于模拟光标悬停事件。当鼠标移动到元素上时，会触发指定的第一个函数(mouseenter)；当鼠标移出这个元素时，会触发指定的第二个函数(mouseleave)。

任务实例 7-4-6　进入和移除 div 时分别弹出提示对话框

任务分析：鼠标悬停在 div 元素时，弹出提示对话框，提示鼠标离开，调用匿名函数提示鼠标离开 div 元素。

其主要代码如下。

```
<script>
 $(document).ready(function(){
 $("div").hover(function(){
    alert("您的鼠标进入div");              //鼠标悬停事件
 },
    function(){
       alert("您的鼠标离开div");
    });
 });
</script>
```

同步练习

请参照上述任务实例，利用 jQuery 实现鼠标进入图片区域图片发生改变。

任务 7.4.3　jQuery 键盘事件

1. keydown()方法和 keyup()方法

当键盘键被按下时发生 keydown 事件，keydown()方法触发 keydown 事件，或规定当发生 keydown 事件时运行的函数；当键盘键被松开时发生 keyup 事件，keyup()方法触发 keyup 事件，或规定当发生 keyup 事件时运行的函数。

任务实例 7-4-7　键盘事件案例

当键盘任意键被按下时，文本框中的背景颜色就会变成黄色，键盘被松开后背景颜色变成粉色。

在文本框内输入任何字符：<input type="text"><p>在上面文本框中输入任何字符。在按键按下后输入框背景颜色会改变，键盘抬起，背景颜色变为粉色。与 keydown() 相关的事件顺序是：①keydown 获取键按下的过程；②keypress 获取键被按下的过程；③keyup 获取键被松开的过程。按顺序编写按下和抬起事件即可。

其主要代码如下。

```
<script>
 $(document).ready(function(){
 $("input").keydown(function(){
    $("input").css("background-color","yellow");
  });
```

```
    $("input").keyup(function(){
      $("input").css("background-color","pink");
    });
   });
</script>
```

2. keypress()方法

keypress()方法是用户按下一个按键,并产生一个字符时发生(用户按了一个能在屏幕上输出字符的按键,keypress()事件才会触发)。

任务实例 7-4-8 keypress()方法

keypress()方法返回的值是对应的 ASCII 码值。一直按着某按键则会不断触发 keypress()。

任务分析:在事件顺序中 keydown()方法是键被按下的过程;keypress()方法是键被按下,但不能得到最后的输入结果,而 keyup()是一个完整的按键动作后,并可以获取事件的最终结果。keydown()与 keypress()更适用于通过键控制页面类功能的实现,当键被松开时调用 keyup()方法。

其主要代码如下。

```
<script>
 var i=0;
 $(document).ready(function(){
   $("input").keypress(function(){
     $("p").text(i=i+1);
   });
 });
</script>
```

同步练习

请参照上述任务实例,利用 jQuery 实现单击键盘显示当前键的 ASCII 码值。

任务 7.4.4 表单事件

1. submit()方法

当提交表单时,会发生 submit()事件。该事件只适用于<form>元素。submit()方法触发 submit 事件,或规定当发生 submit 事件时运行的函数。

任务实例 7-4-9 通过单击 submit"提父"按钮触发 submit()方法,出现弹框效果

任务分析:submit()方法是页面提交按钮默认方法,该事件只适用于<form>元素。①页面添加 form 表单;②表单增加 submit 按钮;③form 添加 submit()方法。

其主要代码如下。

```
<script>
  var i=0;
  $(document).ready(function(){
    $("form").submit(function(){
      alert("单击提交按钮");
    });
  });
</script>
```

2. change()方法

当元素的值发生改变时,会发生 change 事件,或者触发被选元素的 change 事件。该事件仅适用于文本域(textfield)、textarea 和 select 元素。change()函数触发 change 事件,或规定当发生 change 事件时运行的函数。

任务实例 7-4-10　HTML 元素内容改变时背景颜色也随之改变

任务分析：在文本框输入任意字符或者改变 select 元素中选项,对应元素的背景颜色都会改变,本例是表单事件应用,在表单内的元素内容发生变化时,元素的背景色发生改变。因此是通过 change 事件调用相应的函数。

该案例的主要操作步骤如下。

(1) 打开已经安装的 HBuilder(X)编辑软件,创建 HTML 文件,输入如下代码。

```
<!doctype html>
<html>
 <head>
  <title>jQuerychange 事件</title>
  <meta charset="utf-8">
  <script type="text/javascript" src="jquery-3.6.0.js"></script>
  <script type="text/javascript">
    $(document).ready(function(){
      $(".field").change(function(){         //对象值发生改变调用此事件
        $(this).css("background-color","red");
      });
    });
  </script>
 </head>
 <body align="center">
    <p>在某个域获内容改变后改变颜色。</p>
    输入任意字符：<input class="field" type="text" />
    <p>课程：
    <select class="field" name="course">
      <option value="高等数学">高等数学</option>
```

```
        <option value="大学英语">大学英语</option>
        <option value="网页制作">网页制作</option>
        <option value="网络应用">网络应用</option>
    </select>
    </p>
    </body>
</html>
```

（2）将其保存为网页文件。

（3）在浏览器中浏览的效果如图7-15所示。

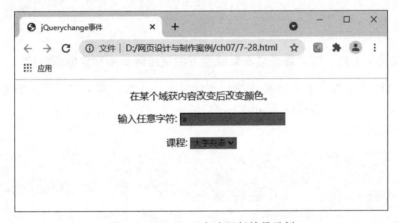

图7-15 change()方法运行效果示例

注意：

当用于select元素时，change事件会在选择某个选项时发生。当用于textfield或textarea时，该事件会在元素失去焦点时发生。

3. focus()方法

当元素获得焦点时，发生focus事件。当单击选中元素或通过tab键定位到元素时，该元素就会获得焦点。focus()方法触发focus事件，或规定当发生focus事件时运行的函数。

任务实例7-4-11 当文本框获得焦点后背景颜色变为红色

任务分析：focus事件在文本框获得焦点时触发，直接编写元素对应的focus事件即可。①$(".field").focus绑定焦点事件；②$(this).css("background-color","red")方法修改当前元素背景色。

其主要代码如下。

```
<script type="text/javascript">
    $(document).ready(function(){
        $(".field").focus(function(){       //对象获得焦点调用此事件
```

```
        $(this).css("background-color","red");
      });
   });
</script>
```

4. blur()方法

当元素失去焦点时发生 blur 事件。blur()函数触发 blur 事件，或者如果设置了 function 参数，该函数也可规定当发生 blur 事件时执行的代码。可以通过事件绑定将 blur 事件绑定到所有函数，触发事件的行为既可以在鼠标事件内，又可以通过 Tab 键移动元素焦点。

任务实例7-4-12 焦点离开文本框或者下拉菜单时背景都变成蓝色的

任务分析：blur 事件在文本框失去焦点时触发。① $(".field").blur 绑定失去焦点事件；② $(this).css("background-color","blue")方法修改背景颜色。

其主要代码如下。

```
<script type="text/javascript">
    $(document).ready(function(){
      $(".field").blur(function(){
        $(this).css("background-color","blue");   //失去焦点时背景颜色变为蓝色
      });
    });
</script>
```

注意：
早前，blur 事件仅发生于表单元素上。在新浏览器中，该事件可用于任何元素。

同步练习

请参照上述任务实例，利用 jQuery 文本框内值发生变化后验证文本框内容是否为空。

任务 7.4.5 事件冒泡

事件冒泡是指在一个对象上触发某类事件（比如 onclick 事件），如果次对象定义了此事件的处理程序，那么此事件就会调用这个处理程序，如果没有定义此事件处理程序或者事件返回 true，那么这个事件会向这个对象的父级对象传播，从里到外，直至它被处理（父级对象所有同类事件都将被激活），或者它到达了对象层次的最顶层，即 document 对象（有些浏览器是 window）。

事件冒泡的作用：事件冒泡允许多个操作被集中处理（把事件处理器添加到一个父级元素上，避免把事件处理器添加到多个子级元素上），它还可以让用户在对象层的不同级别捕获事件。

事件冒泡通常用到事件委托上，事件委托就是把事件加到父级上，通过判断事件来源

的子集执行相应的操作。事件委托首先可以极大地减少事件绑定次数,提高性能;其次可以让新加入的子元素也可以拥有相同的操作。

比如,div 中又包含子 div 时,当单击子 div 时,同时也会单击父 div 和 body 的单击事件,因此会按照子 div、父 div 和 body 的顺序相应单击事件。

任务实例 7-4-13　利用事件冒泡绑定 div

任务分析:冒泡事件是按照 DOM 中层次结构的包含关系,依次从下向上对应相应事件(注意:父元素必须和子元素绑定相同的事件)。在 body 元素上绑定 click 事件,按照冒泡的原理,当单击内部的子元素时,即触发元素的单击事件,会弹出相应的对话框。

利用事件冒泡绑定 div
参考代码

该案例的主要操作步骤如下。

(1) 打开 HBuilder(X)编辑软件,创建 HTML 文件,输入代码。

(2) 将其保存为网页文件。

(3) 在浏览器中浏览的效果如图 7-16 所示。

图 7-16　冒泡事件 body 元素效果

冒泡事件可能引发的问题有。

(1) 事件对象。由于 IE-DOM 和标准 DOM 实现事件对象的方法各不相同,导致在不同的浏览器中获取事件对象变得比较困难,针对这样的问题,jQuery 进行必要的扩展和封装,从而能更轻松地获取事件和事件对象,$("element").bind("click",function(event){})。

(2) 停止事件冒泡,停止事件冒泡可以阻止事件中其他对象的事件处理函数被执行,在 jQuery 中 stopPropagation()方法来停止事件冒泡,$('span').bind('click',function(event){var txt = $("#msg").html()+"<span>停止事件冒泡</span>";$("#msg").html(txt);event.stopPropagation();})。

(3) 阻止默认行为,preventDefault()方法来阻止元素的默认行为。

(4) 事件的捕获,事件的捕获和冒泡事件刚好是两个相反的过程,事件的捕获是从最顶部开始的。并非是所有的浏览器都支持事件的捕获,也无法通过 javasc 进行修复,只能使用原生态的 JavaScript。

任务实例 7-4-14　div 解绑

任务分析：事件冒泡会按照顺序依次调用 DOM 层次结构中包含关系定义的函数，有时会给用户带来不必要的麻烦，因此在不需要调用该元素的函数内部添加 event.stopPropagation()方法阻止事件冒泡发生。单击子 div 时只弹出子 div 的对话框，单击父 div 的时候只弹出父 div 的对话框。

其主要代码如下。

```
<script type="text/javascript">
    $(function(){
        //为内层 div 绑定 click 事件
        $("#msg").click(function(){
            alert("我是子 div");
            event.stopPropagation();          //阻止事件冒泡
        });
        //为外层 div 元素绑定 click 事件
        $("#content").click(function(){
            alert("我是父 div");
            event.stopPropagation();          //阻止事件冒泡
        });
        //为 body 元素绑定 click 事件
        $("body").click(function(){
            alert("我是 body");
            event.stopPropagation();          //阻止事件冒泡
        });
    });
</script>
```

同步练习

请参照上述任务实例，练习阻止冒泡事件的应用——阻止提交动作。

任务分析：在 form 表单中单击提交按钮会有一些默认事件，比如跳转到别的界面。但是实际应用中如果没有通过验证，就不应该跳转。当文本框内容为空时弹出对话框，不产生提交动作。

任务 7.4.6　事件解除

unbind()方法移除被选元素的事件处理程序。该方法能够移除所有的或被选的事件处理程序，或者当事件发生时终止指定函数的运行。ubind()适用于任何通过 jQuery 附加的事件处理程序。unbind()规定从指定元素上删除的一个或多个事件处理程序。如果没有规定参数，unbind()方法会删除指定元素的所有事件处理程序。其基本语法如下。

```
$(selector).unbind(event,function)
```

(1) event：可选。规定删除元素的一个或多个事件，由空格分隔多个事件值。如果只规定了该参数，则会删除绑定到指定事件的所有函数。

(2) function：可选。规定从元素的指定事件取消绑定的函数名。

任务实例 7-4-15　事件移除

单击＜p＞元素后，弹出对话框"p 的事件"。单击按钮移除事件后，再次单击＜p＞元素，不会弹出对话框。

任务分析：在实际应用中有些元素在某种情况下就失去了调用事件的条件，这时就需要将事件与元素解绑，unbind()方法是一种很实用的实现上述功能的方法。

其主要代码如下。

```html
<script type="text/javascript">
$(document).ready(function(){
   $("p").click(function(){
      alert('p的事件');
    });
   $("button").click(function(){
      $("p").unbind();
    });
});
</script>
    <p>这是一个段落。</p>
    <p>这是另一个段落。</p>
    <p>这是另外一个段落。</p>
    <button>删除 p 元素的事件处理器</button>
```

同步练习

请参照上述任务实例，利用 jQuery 实现单击元素背景颜色发生改变效果；移除单击事件，再次单击元素，颜色不发生改变。

任务 7.5　jQuery 效果

任务描述

(1) 理解容器适应的含义。
(2) 熟练运用元素的滑动与隐藏。
(3) 熟练运用元素的动画。

任务 7.5.1　jQuery 容器适应

由于电子产品的多样化，尤其是电子屏幕的尺寸多样化，在网站设计过程中总是希望无论使用的是哪种设备，浏览到的网页样式区别不大。设计元素尺寸（HTML 元素）时根据不同的窗口尺寸按照比例来扩大或者缩小元素尺寸,在本小节中会介绍如何选取窗口的宽度和高度(即浏览器窗口)的大小。

获取元素的宽度和高度的方法如下。

```
$(选择器).width()|innerWidth()|outerWidth();
$(选择器).height()|innerHeight()|outerHeight();
```

任务实例7-5-1 容器适应案例

单击 div 元素后,弹出对话框,显示 width、height、innerWidth、innerHeight、outerWidth 和 outerHeight 的值。

任务分析:width 和 height 获取的宽度是实际内容显示区域,innerWidth 和 innerHeight 的值是包含内部边距的宽度和高度,padding 值是 10px,因此 width+padding-left+padding-right 等于 220px,同理高度的值计算方法 height+padding-top+padding-bottom,outerWidth 的宽度等于 innerWidth+margin-left+margin-right 等于 240px,同理 outerHeight 的高度 outerHeight=innerHeight+margin-top+margin+bottom 等于 240px。获取窗体(浏览器)的宽度和高度时,选择器名称用 document 或者 window 替换,当网页内容需要随着页面大小的变化而变化时,就可以将元素的大小按照百分比的形式设置,例如:

```
var width=$(window).width();
var height=$(window).height();
$("div").width=width*0.2;
$("div").height=height*0.2;
```

当窗口大小发生变化时,页内元素也会相应发生变化。

其主要代码如下。

```
<script type="text/javascript">
$(document).ready(function(){
$("div").click(function(){
    var obj=$("div");
    var w=obj.width();
    var h=obj.height();
    var i_w=obj.innerWidth();              //获取被单击对象的宽度和高度
    var i_h=obj.innerHeight();
    var o_w=obj.outerWidth();
    var o_h=obj.outerHeight();
    alert("width 和 height 是:"+w+","+h+";innerWidth 和 innerHeight 是:"+i_w+","+i_h+"outerWidth 和 outerHeight 是:"+o_w+","+o_h);
    });
    });
</script>
<style>
    *{font-size:10px;}
```

```
        div{
            width:200px;
     height:100px;
     background-color:gray;
     border:10px solid red;
     padding:10px;
     margin:10px;
        }
</style>
</head>
<body>
    <div>
       width、innerWidth、outerWidth 的区别
    </div>
</body>
```

同步练习

请参照上述任务实例，利用 jQuery 实现单击窗体空白处，弹出窗体高度和宽度属性。

任务 7.5.2　元素的隐藏和显示

在 jQuery 中，可以使用 hide()方法和 show()方法，及 toggle()方法来隐藏和显示 HTML 元素，hide()方法将显示的元素隐藏，show()方法是将隐藏的元素显示在页面，toggle()方法是把元素在隐藏和显示之间切换。其基本语法如下。

```
$(selector).hide(speed,callback);
$(selector).show(speed,callback);
$(selector).toggle(speed,callback);
```

可选的 speed 参数规定隐藏/显示的速度，可以取 slow、fast 或毫秒。
可选的 callback 参数是隐藏或显示完成后所执行的函数名称。

任务实例 7-5-2　元素显示与隐藏

任务分析：元素 p 可见时单击"隐藏"按钮和"隐藏/显示"切换按钮都会将 p 隐藏，元素 p 不可见后单击"显示"或者"隐藏/显示"切换按钮都会将段落 p 显示出来。首先绑定元素，然后分别可以调用显示 show()方法和隐藏 hide()方法就可以实现了。

其主要代码如下。

```
<script type="text/javascript">
    $(document).ready(function(){
        $("#hide").click(function(){
            $("p").hide();
        });
```

```
            $("#show").click(function(){
                $("p").show();
            });
            $("#change").click(function(){
                $("p").toggle();
            });
        });
    </script>
```

任务 7.5.3　jQuery 滑动效果的隐藏和显示

通过 jQuery，可以在元素上创建滑动效果。jQuery 拥有以下滑动方法：slideDown()；slideUp()；slideToggle()方法。其中 slideDown()方法用于向上滑动元素，slideUp()方法用于向上滑动元素，slideToggle()方法在 slideDown()方法与 slideUp()方法之间进行切换。也就是说，如果元素向下滑动，则 slideToggle()可向上滑动它们。如果元素向上滑动，则 slideToggle()可向下滑动它们。其基本语法如下。

```
$(selector).slideDown(speed,callback);
$(selector).slideUp(speed,callback);
$(selector).slideToggle(speed,callback);
```

可选的 speed 参数规定效果的时长。它可以取 slow、fast 或毫秒。

可选的 callback 参数是滑动完成后所执行的函数名称。

任务实例 7-5-3　div 滑动效果

任务分析：添加一个 div 元素，设置高度、宽度和背景颜色，并将 display 属性设置为 none，然后绑定元素单击 slideDown、slideUp、slideToggle 按钮，显示或者隐藏元素。然后分别调用 slideUp()方法、slideDown()方法就可以实现了。

其主要代码如下。

```
<script type="text/javascript">
$(document).ready(function(){
$("#hide").click(function(){
$("#ipad").slideUp();              //隐藏效果
});
$("#show").click(function(){
$("#ipad").slideDown();            //显示效果
});
$("#change").click(function(){
$("#ipad").slideToggle();          //隐藏和消失切换
});
});
</script>
```

任务 7.5.4 jQuery 淡入与淡出效果的隐藏和显示

通过 jQuery,可以实现元素的淡入淡出效果,jQuery 拥有下面四种 fade 方法:fadeIn()、fadeOut()、fadeToggle()、fadeTo()。其中 fadeIn()用于淡入已隐藏的元素;fadeOut()方法用于淡出可见元素;fadeToggle()方法可以在 fadeIn()与 fadeOut()方法之间进行切换。如果元素已淡出,则 fadeToggle()会向元素添加淡入效果。如果元素已淡入,则 fadeToggle()会向元素添加淡出效果;fadeTo()方法允许渐变为给定的不透明度(值介于 0 与 1 之间)。其基本语法如下。

```
$(selector).fadeIn(speed,callback);
$(selector).fadeOut(speed,callback);
$(selector).fadeToggle(speed,callback);
$(selector).fadeTo(speed,opacity,callback);
```

注意:fadeTo()没有默认参数,必须加上 slow 或 fast 或 Time。

任务 7.5.5 jQuery 动画

jQuery 中上面的效果有时很难满足要求,也可以利用 animate()方法创建自定义动画。这个函数利用设置 CSS 属性的方法改变元素外观样式实现动画效果。根据 CSS 样式规则中属性和属性值的对应方法相同,因此动画参数设置可以采用 json 串的方法。其基本语法如下。

```
$(selector).animate({params},speed,callback);
```

(1)必需的 params 参数定义形成动画的 CSS 属性。
(2)可选的 speed 参数规定效果的时长。它可以取 slow、fast 或毫秒。
(3)可选的 callback 参数是动画完成后所执行的函数名称。

注意:

当使用 animate()方法时,必须使用 camel 标记法书写所有的属性名。比如,必须使用 paddingLeft 而不是 padding-left,使用 marginRight 而不是 margin-right,等等,同时,色彩动画并不包含在核心 jQuery 库中。

任务实例 7-5-4 div 动画

任务分析:单击"运行"按钮后,div 元素的宽度和高度从 50px 变为 100px,动画时长是 2000 毫秒。首先绑定元素,然后调用 animate()方法设置元素的属性比如 width、height 等就可以实现了。

其主要代码如下。

```
<script type="text/javascript">
  $(document).ready(function(){
    $("#mate").click(function(){
```

```
            $("#ipad").animate({width:'100px',height:'100px'},2000);     //设置动画
        });
    });
</script>
```

同步练习

请参照上述任务实例,利用 jQuery 给 div 添加动画效果,单击 div 后背景颜色发生变化。

任务 7.6　Ajax 实现异步请求操作

任务描述

(1) 理解异步请求的含义。

(2) 了解运用异步请求解决问题。

Ajax 即 Asynchronous Javascript And XML(异步 JavaScript 和 XML),是指一种创建交互式网页应用的网页开发技术。Ajax 是与服务器交换数据的技术,通过在后台与服务器进行少量数据交换,Ajax 可以使网页实现异步更新。这意味着可以在不重新加载整个网页的情况下,对网页的某部分进行更新,节省网络资源,加快网页加载速度。Ajax 的工作原理如图 7-17 所示。从上图可以看到,浏览器通过 JavaScript 或者 jQuery 用 Ajax 向服务器发送请求,服务器响应的结果也是通过 Ajax 处理后返回浏览器页面。Ajax 中常见的方法如表 7-8 所示。

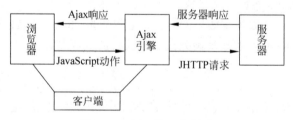

图 7-17　Ajax 的工作原理

表 7-8　**Ajax 中常见的方法**

方　　法	描　　述
$.ajax()	执行异步 Ajax 请求
$.get()	使用 Ajax 的 HTTP GET 请求从服务器加载数据
$.getJSON()	使用 HTTP GET 请求从服务器加载 JSON 编码的数据
$.getScript()	使用 Ajax 的 HTTP GET 请求从服务器加载并执行 JavaScript
$.param()	创建数组或对象的序列化表示形式(可用于 Ajax 请求的 URL 查询字符串)
$.post()	使用 Ajax 的 HTTP POST 请求从服务器加载数据
load()	从服务器加载数据,并把返回的数据放置到指定的元素中

任务 7.6.1　jQuery 中 Ajax 语法

ajax()方法用于执行 Ajax(异步 HTTP)请求。所有的 jQuery Ajax 方法都使用 ajax()方法。该方法通常用于其他方法不能完成的请求。其基本语法如下。

```
$.ajax({name:value, name:value, ... })
```

该参数规定 Ajax 请求的一个或多个名称/值对。常见参数如下。
(1) url：规定发送请求的 URL，默认是当前页面。
(2) type：规定请求的类型(GET 或 POST)。
(3) data：规定要发送到服务器的数据。
(4) dataType：预期的服务器响应的数据类型。
(5) success(result,status,xhr)：当请求成功时运行的函数。

任务实例 7-6-1　Ajax 方法修改页面内容

任务分析：单击按钮后，利用外部元素局部修改 div 元素中的内容，运行代码时要将网页放置到服务器上访问，网页的解码方式和文件的解码方式务必一致，否则会出现乱码。

该案例的主要操作步骤如下。
(1) 打开 HBuilder(X)编辑软件，创建 HTML 文件，输入主要代码如下。

```
<script type="text/javascript">
  $(document).ready(function(){
    $("button").click(function(){
      $.ajax({url:"test.txt",success:function(res){
        $("#content").html(res);            //把指定文件内容加载到页面
      }})
    });
  });
</script>
```

(2) 将其保存为网页文件。
(3) 在浏览器中浏览的效果如图 7-18 所示。

图 7-18　Ajax 修改网页部分内容效果示例

注意：
文本文件保存时一定要把编码方式改为"utf-8"，文件和网页保存到同一路径下。

同步练习

请参照上述任务实例,利用 jQuery Ajax 读出指定.txt 文件内容加载到文本框元素内。

任务 7.6.2　load()方法

load()方法通过 Ajax 请求从服务器加载数据,并把返回的数据放置到指定的元素中。其基本语法如下。

```
load(url,data,function(response,status,xhr))
```

(1) url:规定要将请求发送到哪个 URL。
(2) data:可选,规定连同请求发送到服务器的数据。
(3) function(response,status,xhr):可选,规定当请求完成时运行的函数。
(4) 其他参数:response 包含来自请求的结果数据;status 包含请求的状态(success、notmodified、error、timeout 或 parsererror);xhr 包含 XMLHttpRequest 对象。

该方法是最简单地从服务器获取数据的方法。它几乎与 $.get(url,data,success)等价,不同的是它不是全局函数,并且它拥有隐式的回调函数。当侦测到成功的响应时(比如,当 textStatus 为 success 或 notmodified 时),.load()将匹配元素的 HTML 内容设置为返回的数据。这意味着该方法的大多数使用会非常简单。

```
$("#content").load("7-6-2.html");
```

任务实例 7-6-2　将 test.txt 文件内容加载到指定 div

任务分析:采用 load()方法将 test.txt 文件中的内容加载到 div 元素中。纯 HTML5 页面无法读取 txt 文件,通过 Ajax 中 load()方法从服务器加载数据,并把返回的数据放入被选元素中。

该案例的主要操作步骤如下。
(1) 打开 HBuilder(X)编辑软件,输入 HTML 代码。
(2) 将其保存为网页文件。
(3) 在浏览器中浏览的效果如图 7-19 所示。

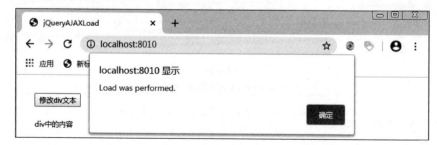

将 test.txt 文件内容加载到
指定 div 参考代码

图 7-19　load 加载文件成功提示效果

注意：

与 Ajax 方法的区别是：load()方法将 div 元素的内容完全替换。

同步练习

请参照上述任务实例，利用 load()方法读出指定.txt 文件内容，加载到<p>元素内。

任务 7.6.3　get()方法和 post()方法

jQuery 中的 get()方法通过远程 HTTP GET 请求载入信息。这是一个简单的 GET 请求功能，以取代复杂 $.ajax 。请求成功时可调用 success 回调函数。如果需要在出错时执行函数，使用 $.ajax。post()方法通过 HTTP POST 请求从服务器载入数据。其语法如下。

```
$(selector).get(url,data,success(response,status,xhr),dataType)
jQuery.post(url,data,success(data, textStatus, jqXHR),dataType)
```

（1）url：必需，规定将请求发送的哪个 URL。

（2）data：可选，映射或字符串值，规定连同请求发送到服务器的数据。

（3）success(response,status,xhr)：可选，规定当请求成功时运行的函数。

（4）dataType：可选，规定预计的服务器响应的数据类型。

下面实例中通过 get()方法获取 test.php 文件中的内容（相当于服务器数据），返回内容包括页面数据和请求状态。

Test.php 文件内容如下。

```
<?php
 Echo '这是php文件中的内容,服务器数据';
?>
```

其运行代码下。

```
<script type="text/javascript">
    $(document).ready(function(){
      $("button").click(function(){
      $.get("test.php",function(data,statusTxt){
            alert("返回数据："+data+"\n 请求状态:"+statusTxt);
      });              //返回数据
      });
    });
</script>
<body>
        <button  type="button">get()方法</button>
</body>
```

注意：

利用 IIS 发布网页不能够解析 php 文件，需要下载 fastcgi 插件调度 php 的解析程序处理 PHP。

任务 7.7　jQuery 综合练习

任务描述

（1）灵活运用 jQuery 定位元素。

（2）灵活运用 jQuery 修改元素属性。

运用 jQuery 制作选项卡。单击"选项卡一"显示"内容一"，单击"选项卡二"显示"内容二"。

任务分析：我们要创建选项卡，先把 body 看作是一个容器或者创建一个 div 容器，然后再在里面创建一个 ul 控件，然后每一个 li 控件就是一个选项；有了选项，肯定要有对应选项的内容，创建一组 div，里面的第一个 div 就是一个选项内容，当然 div 的数量要对应选项卡的数量。\$("♯tag li").eq(\$(this).index())获取当前单击对象；addClass("cur")给当前对象添加类名"cur"属性；siblings().removeClass('cur')删除当前元素兄弟元素类名为"cur"的属性。

该案例的主要操作步骤如下。

（1）打开 HBuilder(X)编辑软件，输入代码。

（2）将其保存为网页文件。

（3）在浏览器中浏览的效果如图 7-20 所示。

jQuery 综合练习
参考代码

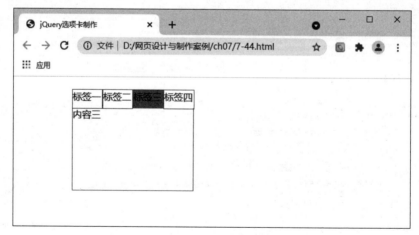

图 7-20　标签选项卡效果

注意：

\$(this).index()获取被单击的 li 项下标索引，利用 addClass()添加类选择器，并将当前节点的兄弟节点移除类选择器。

单元实践操作：使用 jQuery 制作动态网页

实践操作的目的

(1) 灵活运用 jQuery 设置网页元素的属性。
(2) 掌握使用 jQuery 获取元素的方法。

1. 实现鼠标拖动效果

请参照本单元综合运用实例，利用 jQuery 实现鼠标拖动效果，如图 7-21 所示。操作要求及步骤如下。

(1) 使用 HBuilder(X) 编写网页文档。
(2) 应用 jQuery 对标签属性进行设置，达到修饰网页的效果。
(3) 利用 jQuery 绑定事件。执行过程中鼠标当前坐标获取是重点。
(4) div 元素要设置位置属性为绝对定位。将鼠标当前坐标赋值给 div 的 left、top 属性。
(5) 保存网页，并浏览网页效果，完成表 7-9。

图 7-21 鼠标拖动对象效果

表 7-9 实践任务评价表

任务名称	实现鼠标拖动效果			
任务完成方式	独立完成（　　）	小组完成（　　）		
完成所用时间				
考核要点	任务考核 A(优秀)、B(良好)、C(合格)、D(较差)、E(很差)			
	自我评价(30%)	小组评价(30%)	教师评价(40%)	总评
使用 HBuilder(X) 工具				
jQuery 设置标签属性				
jQuery 事件				
网页完成整体效果				
存在的主要问题				

2. 实现百度风云榜

实现百度风云榜，效果如图 7-22 所示。
操作要求及步骤如下。
(1) 使用 HBuilder(X) 编写网页文档。

图 7-22　百度风云榜效果

（2）HTML 中创建嵌套无序列表项。

（3）利用 CSS 修饰页面效果。

（4）＄(this).parent().toggleClass('on').siblings().removeClass('on');实现单击列表项展开与折叠效果。

（5）保存网页，并浏览网页效果，完成表 7-10。

表 7-10　实践任务评价表

任 务 名 称	实现百度风云榜			
任务完成方式	独立完成（　　　）　　　小组完成（　　　）			
完成所用时间				
考核要点	任务考核 A（优秀）、B（良好）、C（合格）、D（较差）、E（很差）			
	自我评价（30%）	小组评价（30%）	教师评价（40%）	总评
使用 HBuilder(X)工具				
HTML 无序列表应用				
jQuery 事件				
CSS 页面效果				
存在的主要问题				

3．点赞效果制作

点赞效果制作，效果如图 7-23 所示。

操作要求及步骤如下。

（1）使用 HBuilder(X)编写网页文档。

（2）HTML＜div class＝"item"＞＜span＞赞＜/span＞。＜/div＞先赞页面效果。

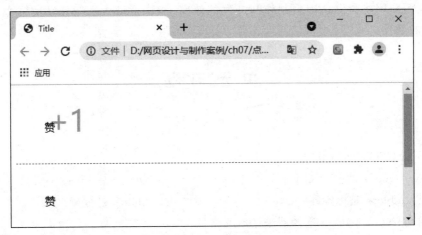

图 7-23 点赞效果

（3）实现点赞效果：利用定时器按时调用指定函数实现点赞效果，示例代码如下。
var tag=document.createElement('span');＄(tag).text('＋1');＄(tag).css('color','♯ff6600');＄(tag).css('position','absolute');setInterval(函数,35)。

（4）当 tag 透明度小于零时，移除计数器并移除 tag。

（5）保存网页，并浏览网页效果，完成表 7-11。

表 7-11 实践任务评价表

任 务 名 称	点赞效果制作			
任务完成方式	独立完成（　　）		小组完成（　　）	
完成所用时间				
考核要点	任务考核 A(优秀)、B(良好)、C(合格)、D(较差)、E(很差)			
	自我评价(30%)	小组评价(30%)	教师评价(40%)	总评
使用 HBuilder(X)工具				
透明效果制作				
计数器的设置				
计数器的清除				
存在的主要问题				

单 元 小 结

本单元主要介绍 jQuery 的基本语法、选择器、效果、事件和 Ajax 在网页文件中的应用。通过学习与实践，基本掌握 jQuery 在网页制作中的应用。jQuery 语法看起来有点难懂，但是 jQuery 在 DOM 元素的定位、获取和编辑等比 JavaScript 要方便和灵活，这些方法的灵活应用将会提高网页制作与开发的效率,能够帮助大家制作功能强大的、精美的、实用的网页。

单 元 习 题

一、单选题

1. 下面说法正确的是(　　)。
   A. jQuery 是 JSON 库　　　　　　　　B. jQuery 是 JavaScript 库
   C. jQuery 是标签库　　　　　　　　　D. jQuery 是框架
2. jQuery(　　)CSS 选择器来选取元素。
   A. 可以使用　　　　　　　　　　　　B. 不可以使用
   C. 必须使用　　　　　　　　　　　　D. 以上全都对
3. jQuery 的简写是(　　)。
   A. ?　　　　　　B. $　　　　　　C. #　　　　　　D. .
4. 通过 jQuery,选择器 $("div") 选取的元素是(　　)。
   A. 首个 div 元素　　　　　　　　　　B. 所有 div 元素
   C. 类名为 div 的元素　　　　　　　　D. id 名为 div 的元素
5. 把所有 ul 下 li 元素的字体颜色设置为红色的正确 jQuery 代码是(　　)。
   A. $("ul li").manipulate("color","red");
   B. $(" ul li ").layout("color","red");
   C. $("ul li").style("color","red");
   D. $("ul li").css("color","red");
6. 通过 jQuery,$("div.intro") 能够选取的元素是(　　)。
   A. class="intro"的首个 div 元素　　　B. id="intro"的首个 div 元素
   C. class="intro"的所有 div 元素　　　D. id="intro"的所有 div 元素
7. 通过 jQuery,$("div.intro").eq(0) 能够选取的元素是(　　)。
   A. class="intro" 的首个 div 元素　　　B. id="intro" 的首个 div 元素
   C. class="intro" 的所有 div 元素　　　D. id="intro" 的所有 div 元素
8. 通过 jQuery,$("div.intro").first() 能够选取的元素是(　　)。
   A. class="intro" 的首个 div 元素　　　B. id="intro" 的首个 div 元素
   C. class="intro" 的所有 div 元素　　　D. id="intro" 的所有 div 元素
9. 通过 jQuery,$("div ").gt(0) 能够选取的元素是(　　)。
   A. 首个 div 元素　　　　　　　　　　B. 除首个 div 元素外的所有 div
   C. 所有 div 元素　　　　　　　　　　D. 除所有 div 元素
10. 下面 jQuery 方法中用于隐藏和切换被选元素的是(　　)。
    A. hiden()　　　B. hide()　　　C. toggle()　　　D. display()

11. jQuery 是通过（　　）脚本语言编写的。
    A. C♯　　　　　B. JavaScript　　　C. C++　　　　　D. Java

二、简答题

1. jQuery 常用事件有哪些？
2. jQuery 选择器有哪些？请举例说明。
3. jQuery 中 html() 与 text() 的区别是什么？

单元 8

JavaScript 和 jQuery 应用

案例宏观展示引入

JavaScript 和 jQuery 广泛应用于网页注册、修改用户信息、好友，或者短消息的异步删除、Tab 切换、记录的异步、搜索提示、图片轮播、下拉列表和鼠标跟随效果等，如图 8-1 所示。

图 8-1　JavaScript 和 jQuery 应用

本单元主要介绍 jQuery 和 JavaScript 应用场景，使用简单编辑工具从分析到实现场景的过程，让读者对 JQuery 和 JavaScript 的应用有进一步的认识，根据场景能够灵活选择 JavaScript 或 jQuery 编写代码。

学习任务

☑ 掌握图片轮播效果实现。
☑ 掌握鼠标跟随效果实现。
☑ 掌握手风琴效果实现。

任务8.1 轮播图实现

任务描述

（1）掌握图片轮播的原理。
（2）掌握图片定时跳转的应用。

1. 轮播原理

轮播图实现的原理是：一系列的大小相等的图片平铺，利用CSS布局只显示一张图片，其余隐藏。通过计算偏移量，利用定时器实现自动播放，或通过手动单击事件切换图片，如图8-2所示。

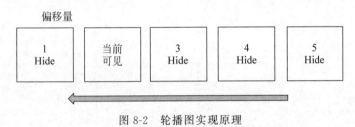

图8-2 轮播图实现原理

容器lunbo中存放所有图片。

```
<center>
    <div class="lunbo">
        <img class='item' src="./image/lunbotu01.jpg"   style="left:0px;top:0px;">
        <img class='item' src="./image/lunbotu02.jpg"   style="left:730px;top:0px;">
        <img class='item' src="./image/lunbotu03.jpg"   style="left:1460px;top:0px;">
    </div>
</center>
```

当图片从最后一张图切换回第一张图时，有很大空白，利用两张辅助图来填补这个空白。这就是无缝滚动，直接看代码，复制最后一张图片放至第一张图片的前面，同时复制第一张图片放至最后一张图片的后面。并且，将第一张图片辅助图（实际上是将第3张图片）隐藏起来，故设置style="left：-600px;"。

CSS修饰：①对盒子模型，文档流的理解，绝对定位问题；②注意list的overflow：hidden；只显示窗口的一张图片，把左右两边的都隐藏起来。

2. JavaScript实现轮播

任务分析：①首先设置所有图片的位置属性为absolute；②设置一个imgmove()函

数用来移动图片；③最后 setTimeout(imgmove,20)；设置一个定时器，每隔一段时间调用函数。

该案例的主要操作步骤如下。

(1) 打开 HBuilder(X)编辑软件，输入如下 HTML 代码。

```html
<!doctype html>
<html>
  <head>
    <title></title>
    <meta charset="utf-8">
    <style>
      .lunbo{
        position:relative;
        left:0px;
        height:0px;
        border:1px solid blue;
        width:730px;
        height:454px;
        overflow:hidden;
      }
      .lunbo>img{
        position:absolute;
      }
    </style>
    <script>
      imgArr=null;
      window.onload=function(){
        imgArr=document.getElementsByClassName("item");
        imgmove();
      }
      function imgmove(){                          //实现图片移动
        len=imgArr.length;
        for(i=0;i<len;i++){
          pos=(parseInt(imgArr[i].style.left)-3);  //图片移动速度
          imgArr[i].style.left=pos+'px';
          if(pos<-730){
            imgArr[i].style.left=parseInt(imgArr[i].style.left)+730*3+'px';
                                                   //图片移动到最后一张实现无缝移动
          }
        }
        setTimeout(imgmove,20);
      }
    </script>
  </head>
  <body>
    <center>
      <div class="lunbo">
```

```
            <img class='item' src="./image/lunbotu01.jpg"  style="left:0px;top:
0px;">
            <img class='item' src="./image/lunbotu02.jpg"  style="left:730px;top:
0px;">
            <img class='item' src="./image/lunbotu03.jpg"  style="left:1460px;
top:0px;">
        </div>
    </center>
</body>
</html>
```

（2）将其保存为网页文件。

（3）在浏览器中浏览的效果如图 8-3 所示。

图 8-3　轮播图效果

3. jQuery 实现轮播图

轮播图效果：自动轮播；指定轮播；左右轮播。

任务分析：将轮播图容器设置成相对定位，宽度设置成图片的宽度。容器中分为四部分：轮播的图片、向左向右按钮、前一张、后一张。①设置第一张图片显示，其他的兄弟图片隐藏；②自动轮播设置第一张图片索引为 0，后面图片一次增加索引，当 i==4 时跳转到第一张图片；③指定图片轮播时，停止计时器，直接显示和图形对应的图片(拓展)；④左右轮播时，直接 i＋1 或者 i－1(拓展)。在 jQuery 中图片的显示与隐藏方法与 JavaScript 完全不同；⑤ $(".pic").eq(i).show().siblings().hide(); $(".logo li").eq(i).addClass("on").siblings().removeClass("on"); ⑥利用 jQuery 中 eq() 方法定位当前元素并用 show() 方法显示，其他兄弟图片隐藏，并给当前图片添加类名为 "on"；⑦Timer = setInterval(function(){ i++; if(i==4){ i=0; } 设置图片轮播与

JavaScript 中图片数组完全不同。从轮播图中可以看出 jQuery 代码比 JavaScript 中少，典型的说得少做得多。

该案例的主要操作步骤如下。

（1）打开 HBuilder(X)编辑软件，输入如下 HTML 代码。

```html
<!doctype html>
<html>
 <head>
   <title>轮播图</title>
   <meta charset="utf-8">
   <script type="text/javascript" src="jquery-3.6.0.js"></script>
   <style>
     *{
       padding:0;
       margin:0;
     }
     #banner{
       width:500px;
       height:150px;
       margin-left:15%;
       margin-top:10px;
     }
     #banner .pic{
       display:none;
     }
     #banner .images .active{
       display:block;
     }
     #banner .logo{
       height:15px;
       background-color:white;
       border-radius:25px;
       margin-top:-35px;
       float:left;
       margin-left:40%;
       margin-right:40%;
       padding:6px 0px 0px 10px;
       position:relative;
     }
     #banner .logo .title{
       list-style:none;
       width:10px;
       height:10px;
       background:blue;
       border-radius:10px;
       float:left;
       margin-right:10px;
```

```
      margin-bottom:0px;
    }
    #banner .logo .on{
      background-color:red;
    }
</style>
<script>
var i=0;                    //这是记录图片的索引,通过索引来控制图片的切换
    var timer=null;         //seInterval()函数会返回一个值,这是用来接收那个值的,可
                            //以用来停止轮播的效果
$(document).ready(function(){
    $(".pic").eq(0).show().siblings().hide();    //默认第一张图片显示,其他
                                                 //的隐藏
    //自动轮播
    TimerBanner();
    //单击红圈
    $(".logo li").hover(function(){    //鼠标移动上去
    clearInterval(Timer);              //让计时器暂时停止    清除计时器
    i=$(this).index();                 //获取该圈的索引
    showPic();                         //调用显示图片的方法,显示该索引对应的图片
    },function(){                      //鼠标离开
    TimerBanner();                     //继续轮播    计时器开始
    });
    //单击左右按钮
    $(".btn1").click(function(){
    clearInterval(Timer);
    i--;                               //往左
    if(i==-1){
        i=2;
    }
    showPic();
    TimerBanner();       });
    $(".btn2").click(function(){
    clearInterval(Timer);
    i++;                               //往右
    if(i==3){
    i=0;
    }
    showPic();
    TimerBanner();
    });
    });
    //轮播部分
    function TimerBanner(){
    Timer = setInterval(function(){
    i++;
    if(i==4){
    i=0;
```

```
            }
            showPic()},1000);}
            //显示图片
            function showPic(){
            $(".pic").eq(i).show().siblings().hide();
            $(".logo li").eq(i).addClass("on").siblings().removeClass("on");}

            </script>
        </head>
        <body>
            <div id="banner">
                <div class="images">
                    <img src="./images/02.jpg" class="pic active" height="300px" />
                    <img src="./images/03.jpg" class="pic" height="300px" />
                    <img src="./images/04.jpg" class="pic" height="300px" />
                </div>
                <ul class="logo">
                    <li class="title on"></li>
                    <li class="title"></li>
                    <li class="title"></li>
                </ul>
                <button class=".btn1">向左</button>
                <button class=".btn2">向右</button>
            </div>
        </body>
    </html>
```

（2）将其保存为网页文件。

（3）在浏览器中浏览的效果如图 8-4 所示。

图 8-4　jQuery 轮播效果图

同步练习

请参照上述任务实例,将图片的数量增加到 5 张,实现图片的无缝转换。

任务 8.2　鼠标跟随效果实现

任务描述

(1) 掌握 jQuery 设置 CSS 效果的方法。

(2) 掌握实时获取鼠标位置的方法。

鼠标的事件指鼠标位置、状态发生变化时触发的事件,本节的鼠标事件利用鼠标在指定的元素中移动时,触发 mousemove 事件,图片随着鼠标的移动位置发生变化,实现的关键在于获取鼠标当前位置。

任务分析:图片随着鼠标位置的变化而变化,关键点是获取鼠标当前位置,将位置信息赋值给图片,这个应用的重点是图片的位置一定是绝对定位;其次获取鼠标当前坐标并赋值给图片的位置属性,"left": e.pageX,"top": e.pageY;e 指的是鼠标对象,通过调用 pageX、pageY 属性获得鼠标当前坐标。

该案例的主要操作步骤如下。

(1) 打开已经安装的 HBuilder(X)编辑软件,输入如下 HTML 代码。

```
<!doctype html>
<html>
 <head>
   <title>鼠标跟随效果</title>
   <meta charset="utf-8">
   <script type="text/javascript" src="jquery-3.6.0.js"></script>
   <script>
     $(document).mousemove(function(e)     //鼠标跟随效果,e 指的是鼠标对象。图
                                           //片位置必须是绝对位移
     {
         $(".images").css({"position":"absolute","left": e.pageX,"top": e.pageY});
     });
   </script>
 </head>
 <body>
     <div class="images">
        <img src="./images/02.jpg" class="pic"/>
     </div>
 </body>
</html>
```

(2) 将其保存为网页文件。

(3) 在浏览器中浏览的效果如图 8-5 所示。

图 8-5 鼠标跟随效果

📓 同步练习

请参照上述任务实例，页面上画一只小狗和一个骨头，小狗沿着骨头移动方向点头。

任务 8.3 手风琴的实现

➡ 任务描述

（1）理解事件流的含义。

（2）掌握 jQuery 中元素的显示和隐藏。

本节主要介绍 jQuery 实现手风琴效果，像手风琴一样打开，立体感效果比较强，属于分类导航的一种。单击对应标题时，当前标题的内容就会展开，其他标题对应的内容就会隐藏。当用户在有限的页面空间内想展示多个内容片段时，手风琴效果就显得非常有用，它可以帮助用户以非常友好的方式实现多个内容片段之间的切换。

任务分析：①鼠标单击事件；②在执行下一次操作前都要先通过.stop()停止动画；③siblings()选择当前事件外的兄弟事件。整个折叠式菜单是一个无序列表，每个菜单项是一个 li 项。在 li 项中，包含带 span 标签的标题，div 中包含内容，div 用于显示子菜单内容。click 事件处理函数的实现了两个功能：一个是将当前菜单项的展开，另一个是将其他菜单项的 div（包括其中的子菜单）折叠起来。$(this).parent 即 span 的上一级，即 li。siblings()查找它的兄弟元素。

该案例的主要操作步骤如下。

（1）打开已经安装的 HBuilder(X)编辑软件，输入如下 HTML 代码。

```
<!doctype html>
<html>
 <head>
  <title>手风琴效果</title>
  <meta charset="utf-8">
  <script type="text/javascript" src="jquery-3.6.0.js"></script>
```

```
<script>
 $(function(){
        $(".box ul li h2").click(function(e){
            e.stopPropagation();
            $(this).next().stop().slideDown(800).parents("li").siblings().find("div").stop().slideUp(800);
            $(this).parent().stop().addClass("cur").siblings().stop().removeClass("cur");
        })
        $(document).click(function(){
            $(".box ul li").find("div").slideUp(800);
        })

    })
</script>
<style>
            body,h1,h2,h3,h4,h5,h6,p,ul,ol,dl,dd{
            margin: 0;
            padding: 0;
        }

        body{
            background-color: gray;
            font-size:10px;
        }
        ul{
            list-style: none;
        }
        .clear:after{
            content: "";
            display: block;
            clear: both;
        }
        .box{
            width: 300px;
            margin:20px auto;
            background-color: #fff;
        }
        .box ul li h2{
            position: relative;
            height: 40px;
            width: 100%;
            padding:0 15px;
            box-sizing: border-box;
            line-height: 40px;
```

```css
            border-bottom:1px solid #ccc;
            color:#333;
            font-size: 10px;
        }
        .box ul li h2 span{
            position: absolute;
            top:15px;
            right: 15px;
            display: block;
            width: 10px;
            height:10px;
            border-top:2px solid #666;
            border-right:2px solid #666;
            transform:rotate(45deg);
            transition: .8s;
        }
        .box ul li.cur h2 span{
            transform: rotate(135deg);
        }
        .box ul li div{
            display: none;
            line-height: 22px;
            color:#555;
            overflow: hidden;
        }
        .box ul li p{
            padding:15px;
        }
        .box ul li.cur div{
        }
    </style>
</head>
<body>
    <div class="box">
    <ul>
        <li>
            <h2> <span>计算机系</span></h2>
            <div><p>计算机专业是指计算机硬件与软件相结合、面向系统、更偏向应用的宽口径专业。通过基础教学与专业训练,培养基础知识扎实、知识面宽、工程实践能力强,具有开拓创新意识,在计算机科学与技术领域从事科学研究、教育、开发和应用的高级人才。</p>
            </div>
        </li>
        <li>
            <h2> <span>电子工程系</span></h2>
```

```
                <div><p>电子工程专业是一个电子和信息工程方面的较宽口径专业,主要培
养具备电子技术和信息系统的基础知识,能从事各类电子设备和信息系统的研究、设计、制造、应
用和开发的高等工程技术人才。</p></div>
            </li>
            <li>
                <h2> <span>化工系</span></h2>
                <div><p>化工专业培养对各种化工及其相关过程和化学加工工艺进行分析、
研究,并能较熟练利用地计算机技术进行过程模拟、设计的人才。</p></div>
            </li>
            <li>
                <h2> <span>石油系</span></h2>
                <div><p>石油工程学的基础是十九世纪九十年代在加利福尼亚建立的。当
地聘用了一些地质学家来探查每口油井中产油区与水区之间的联系,目的是防止外部水进入产油
区。</p></div>
            </li>
        </ul>
    </div>
 </body>
</html>
```

(2)将其保存为网页文件。

(3)在浏览器中浏览的效果如图 8-6 所示。

图 8-6　手风琴效果

单元实践操作：使用 jQuery 制作动态网页

实践操作的目的

（1）灵活运用 jQuery 定位元素。
（2）掌握使用 jQuery 中方法。

请参照本单元综合案例，制作一个物业管理网站，效果图如图 8-7 所示。

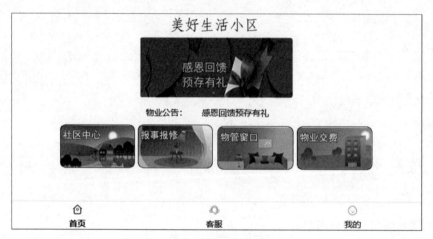

(a) 物业管理首页示例

(b) 报事报修页面示例

图 8-7 物业管理网站

操作要求及步骤如下。

（1）使用 HBuilder(X)编写网页文档。

(2)利用CSS+CSS3页面布局与美化。

(3)HTML5表单页面制作。

(4)JavaScript或jQuery表单页面验证。

(5)保存网页,并浏览网页效果,完成表8-1。

表8-1 实践任务评价表

任 务 名 称	使用jQuery制作动态网页			
任务完成方式	独立完成(　　) 小组完成(　　)			
完成所用时间				
考 核 要 点	任务考核 A(优秀)、B(良好)、C(合格)、D(较差)、E(很差)			
	自我评价(30%)	小组评价(30%)	教师评价(40%)	总评
使用HBuilder(X)工具				
CSS+CSS3页面布局、美化				
HTML5表单页面制作				
表单页面验证效果				
存在的主要问题				

单 元 小 结

本单元介绍jQuery和JavaScript应用实例。通过学习与实践,基本掌握jQuery和JavaScript的应用。在JQuery标记网页过程中,灵活应用选择器及其对应的方法,熟悉常见选择器的含义与规则,对于制作实用性网页有很大帮助。

单 元 习 题

一、单选题

1. 以下关于jQuery节点的说法中错误的是(　　)。

　　A. jQuery中用$(".box").insertBefroe(ele1,ele2)给指定ele2前添加ele1元素

　　B. jQuery中用$(".box").append(ele)给box类后添加ele元素

　　C. jQuery中用$(".box").appendTo(ele)给box类后添加ele元素

　　D. jQuery中用$(".box").insertAfter(ele1,ele2)给ele2后添加ele1元素

2. 在jQuery中,下列关于事件的说法错误的是(　　)。

　　A. jQuery中用onclick绑定单击事件

　　B. jQuery中用on来给未来元素绑定事件

　　C. jQuery中用hover来绑定鼠标经过事件

　　D. jQuery中存在冒泡事件,故需要阻止冒泡

3. 在 jQuery 中,能够操作 HTML 代码及其文本的方法是(　　)。
   A. attr()　　　　B. text()　　　　C. html()　　　　D. val()

4. 在 JavaScript 中,运行下面代码的结果是(　　)。

```
function foo(x){
        var num=5;
        bar=function(y){
           return (x+y+(++num));
        }
}
console.log(foo(2));
console.log(bar(10));
console.log(bar(10));"
```

   A. undefined,18,19　　　　　　　　B. 17,18,19
   C. 5,18,19　　　　　　　　　　　　D. undefined,18,18

5. 阅读下面的 JavaScript 代码,输出的结果是(　　)。

```
function f(y) {
    var x=y*y;
return x;
  }
for(x=0;x< 5;x++) {
y=f(x);
document.writeln(y);
} "
```

   A. 0 1 2 3 4　　　　　　　　　　　B. 0 1 4 9 16
   C. 0 1 4 9 16 25　　　　　　　　　D. 以上答案都不对

6. 在 JavaScript 中,执行下面的代码后,num 的值是(　　)。

```
var str = ""wang.wu@gmail.com"";
num = str.indexOf("".""); "
```

   A. -1　　　　　B. 0　　　　　C. 4　　　　　D. 13

7. 下列表达式成立的是(　　)。
   A. parseInt(12.5)= =parseFloat(12.5)
   B. Number("123abc")= =parseFloat("123abc")
   C. isNaN("abc")= =NaN
   D. typeof NaN= ="number"

8. 下面代码输出的结果是(　　)。

```
var a=0,b=0;
    for(;a<10,b<7;a++,b++){
```

```
        g=a+b;
    }
console.log(g);"
```

  A. 16   B. 10   C. 12   D. 6

9. 请选择结果为真的表达式是(　　)。

  A. null instance of Object   B. null === undefined

  C. null == undefined   D. NaN == NaN

10. 以下语句中会产生运行错误的是(　　)。

  A. var obj = ();   B. var obj = {};

  C. var obj = [];   D. var obj = //;

二、简答题

1. 简述如何编写 JavaScript 或 jQuery 程序,实现鼠标移到图片上显示相应大图的图片展示功能。

2. jQuery 中选择器和 CSS 中的选择器有区别吗？

3. jQuery 和 JavaScript 中分别如何来设置和获取 HTML 和文本的值？

参 考 文 献

[1] 工业和信息化部教育与考试中心.Web 前端开发职业技能等级标准[EB/OL].2019.
[2] 郑阳平,张清涛.Dreamweaver CS6 网页设计与制作实用教程[M].北京:清华大学出版社,2016.
[3] 明日科技.HTML5 从入门到精通[M].北京:清华大学出版社,2016.
[4] 工业和信息化部教育与考试中心.Web 前端开发(初级)[M].北京:电子工业出版社,2019.
[5] 工业和信息化部教育与考试中心.Web 前端开发(中级)[M].北京:电子工业出版社,2019.
[6] 张洪斌,刘万辉.网页设计与制作(HTML+CSS+JavaScript)[M].北京:高等教育出版社,2013.
[7] 孙振业.网页设计与制作[M].2 版.北京:高等教育出版社,2014.
[8] 王寅峰.HTML5 跨平台开发基础与实战[M].北京:高等教育出版社,2014.
[9] 传智播客高教产品研发部.HTML+CSS+JavaScript 网页制作案例教程[M].北京:人民邮电出版社,2015.
[10] 吴丰,丁欣.Dreamweaver CS5 网页设计与制作——DIV+CSS 版[M].北京:清华大学出版社,2012.
[11] 陈承欢.网页设计与制作任务驱动式教程[M].2 版.北京:高等教育出版社,2013.
[12] 李敏.网页设计与制作案例教程[M].2 版.北京:电子工业出版社,2012.
[13] 传智播客高教产品研发部.网页设计与制作(HTML+CSS)[M].北京:中国铁道出版社,2014.
[14] 教育部职业教育与成人教育司.高等职业学校专业教学标准(试行)电子信息大类[M].北京:中央广播电视大学出版社,2012.
[15] 丛书编委会.网页编程技术[M].北京:电子工业出版社,2012.